논문 작성을 위한 교육통계

논문 작성을 위한 교육통계

안우환 저

머 리 말

교육통계를 다루는 교재는 그 동안 많이 출판되었다. 하지만, 논문을 작성하는 단계까지 자세하게 안내하는 매뉴얼 성격의 저서는 찾아보기 어려웠다. 저자는 이에 착안하여 평소 석·박사 시절부터 고민해왔던 이러한 숙제를 반드시 해결하여 논문을 준비하려는 분들에게 조금이나마 도움이 되기를 바라는 마음에서 출발하였다.

본 교재는 모두 12장으로 구성이 되어 있다. 각 장마다 통계분석에 필요한 목적과 기본원리가 제시되어 있다. 이 부분은 초심자가 읽기에는 다소 난해하거나, 어려울 수도 있을 것이다. 하지만, 실망할 필요는 없다. 우리가 자동차의 모든 원리를 알고, 운전을 하지는 않는다. 연구상황에 맞는 통계기법을 잘 파악하여 이를 나의 논문에 맞게끔 생산하여 이를 분석, 해석하는 방법을 터득하면 교육통계에 대한 이해와 활용은 성공이라 해도 과언이 아닐 것이다.

필자는 석사 시절 석사 논문을 준비하는 과정에서 다양한 교육통계 서적을 참고하여 논문을 작성했던 시절이 있었다. 당시 가장 중요한 것은 통계 결과가 나온 수치들을 과연 어떠한 방식(표, 그림)으로 제시하여야 하며, 또 이를 어떠한 식으로 해석해야 할 지 고민하면서 논문을 마무리 한 적이 있었다. 통계를 이해하는 것과 이를 적용하는 것에는 상당한 간격이(gap) 있음을 깨달았던 것이다. 이러한 간격을 메워주는 교재를 찾기란 쉽지가 않았다. 본 교재는 이러한 이론과 실제의 간격을 메우고자 기획되었다. 이러한 저자의 기획 의도가 어느 정도 독자에게 적용되고 인식이 될 지는 모르지만, 한가지 분명한 것은 본 교재는 논문 작성을 위한 기본적인 절차와 기법을 안내하고 있다는 것이다.

12장의 HLM(다층모형) 분석에 관련하여 국내에서 이를 안내하는 교재를 찾기란 쉽지가 않았다. 필자가 다층모형을 알게 된 후, 이를 학습하기 위하여 국내외 서적(단행본, 저널)을 입수하여 나름대로 학습을 하면서 수많은 난관에 봉착하였던 적이 있었다. 이러한 어려움을 해소해준 강상진(연세대), 김경성(서울교대) 교수님께 진심으로 이 자리를 빌어 감사를 드린다. 처녀작을 출판하는 초보 작가의 역량을 기꺼이 수용하여 출판을 허락해준 한국학술정보(주) 관계자 분께도 심심한 감사의 마음을 전한다.

2004년 겨울, 달구벌 대구에서
안 우 환 씀

차 례

제7부 T-Test

제8부 교차 분석(Crosstabs)

제9부 상관관계 분석(Correlation)

제10부 분산분석(ANOVA)

제11부 회귀분석(Regression)

제12부 위계선형 모형 분석(HLM)

제1부 교육통계

제1장 교육통계

1. 교육통계의 개념

교육의 사상이나 현상에 대한 사항을 수리적 방법을 통해서 간결하게 기술하고 파악하며, 교육에 관련된 집단의 수치를 다루는 학문 영역이다. 한 집단으로부터 얻어진 점수나 빈도 등 숫자로부터 집단의 특성을 파악하고자 시도한다.

2. 교육통계의 기능

주어진 현상에 대하여 측정결과를 요약하여 기술하고자 한다. 표집에서 얻은 통계치를 가지고 표집 오차를 고려하여 이에 대응하는 전집치를 추정한다. 여기서 연구의 절차나 방식은 치밀하고 정확해야 한다. 그 기능을 구체적으로 살펴보면 다음과 같다.

첫째, 일반적인 현상의 경향을 추출해 낼 수 있다(기술통계).

둘째, 측정해낸 어떤 조건하에서 한 사상이 얼마나 자주 일어날지를 예측하게 해준다. 일반적으로 이는 모집단에서 추출한 표본을 연구하여 모집단의 일반성을 추정하는 것으로 통상 추리통계라 한다. 실험을 수행하는 데 있어 결정적인 역할을 한다.

셋째, 복잡한 현상 속에서 인과관계를 분석하게 해 준다.

3. 측정치

가. 개념

측청치((Measurement)란 어떤 대상의 속성의 크기를 말하며 한 측청치란 한 간격을 나타내는 것으로 간주한다. 일정한 규칙에 따라 어떤 사물이나 대상에 수치를 부여하는 작업을 말한다. 특히 교육현장에서 학생들의 학업성취를 측정할 때 가장 중요한 것은 어떤 수준의 척도를 사용할 것인지를 결정하는 것이며, 얻어진 측정치를 분석하거나 해석할 때에도 어떤 척도를 통해 얻어진 것인지를 알아야 정확한 분석과 해석이 가능하다. 반면 평가는 측정을 하고 난 다음, '우수하다', '부족하다', '높다', '낮다' 등의 가치판단을 내리는 작업을 의미한다.

나. 측정치의 분류

척도는 명명척도, 서열척도, 동간척도, 비율척도 등의 네 가지로 분류되어지며, 이의 특징은 <표1-1>과 같다.

〈표1-1〉 척도의 특징

척 도	특 징
명명척도	· 측정결과를 각기 다른 유목으로 분류한다. · 가감승제가 불가능하며 분류의 기능 밖에 없는 척도이다. · 이름, 지역, 성별, 운동 선수의 백넘버, 극장의 좌석, 도서분류번호, 전화번호 등.
서열척도	· 크기나 중요성에 따라 관찰 결과들의 순위를 매긴다. · 석차, 키, 주민번호, 협동성, 근면성, 태도의 정도를 나타내는 수치. · 보다 크다 혹은 작다라는 서열성에 관한 정보를 제공한다.

척 도	특 징
동간척도	· 얼마만큼 큰 것인가 등의 동간성에 관한 정보를 제공한다. · 사건의 양이나 크기에 차이점을 측정한다. · 온도계의 눈금, I.Q.점수나 고사의 원점수, 년력 등.
비율척도	· 절대영점을 가지고 있어 한 측정치는 다른 측정치의 두 배, 세 배 등의 비율에 관한 정보를 가진다. · 서열성과 동간성 이외에 가지고 있는 척도이다. · 길이, 부피, 무게, 시간, 백분율, 표준점수 등의 단위가 된다.

4. 변인의 의미와 종류

가. 변인(variable)

연구의 대상이 되고 있는 일련의 개체가 어떤 속성에 있어서 서로 구별될 수 있을 때 이 속성을 변인이라 한다. 변인은 일반적으로 여러 가지 다른 값을 갖는 속성으로 자신이 연구하는 개념을 변인이라 본다.

교육연구에서 주로 사용되는 변인들로서는 성(性)이나 학년, 기주지역, 학업성적 등이 있다. 연구자들은 이러한 변인들에 숫자나 값을 부여해서 변인간의 관계를 고찰한다. 대표적인 변인에는 독립 변인과 종속 변인, 질적 변인과 양적 변인, 연속적 변인과 비연속적 변인 등을 들 수 있다.

나. 변인의 종류

① 독립 변인과 종속 변인
변인들간의 관계에 있어서 독립변인은 영향을 미치거나 예언해주는 변인을 의미하고, 영향을 받거나 예언되는 변인을 종속 변인이라 한다.

② 양적 변인과 질적 변인

양적 변인과 질적 변인은 변인이 지니고 있는 속성을 수량화할 수 있느냐의 여부에 따라 구별된다. 성적이나 나이, 월수입과 같이 그 속성을 수량화할 수 있는 것이 양적 변인이며, 직업이나 종교, 거주지역처럼 변인이 가진 속성을 몇 개의 유목으로 분류할 수 있으나 서열화 하거나 값을 매길 수 없는 변인은 질적 변인에 속한다.

③ 연속적 변인과 비연속적 변인

변인의 속성을 연속적인 값으로 매길 수 있느냐의 여부에 따라 나뉘어 진다. 길이나 무게와 같은 변인은 연속적 변이에 속하며, 성별이나 종교 등은 비연속적 변인에 속한다.

④ 변인을 세분화하는 원칙

변인을 세분화하는 원칙에는 동질성, 상호배타성, 포괄성이 있다.
• 동질성: 각 유목들간에 상호 논리적인 일관성이 있어야
　　　　　함을 나타낸다.
• 상호 배타성: 유목끼리 서로 중복되지 않아야 함을 의미한다.
• 포괄성: 유목들 속에 가능한 모든 사례가 포함되어야 함
　　　　　을 뜻 한다.

5. 표집 방법

표집 방법에는 확률적 표집(Probability Sampling; 무선 표집, 체계적 표집, 유층 표집, 군집 표집, 단계적 표집)과 비확률적 표집(Nonprobability Sampling; 의도적 표집, 할당 표집, 우연적 표집)이 있다. <표1-2>, <표1-3>는 각각 표집의 장단점과 추출방법을 나타내고 있다.

〈표1-2〉 표집의 장단점 비교

	단순무선표집	유층표집	군집표집	단계적 표집	체계적 표집
장점	• 가장 널리 쓰이며 다른 확률적 표집방법의 기초가 된다. 선택될 확률이 동등해야 하며 독립적이어야 한다. • 대표적인 표집이 될 가능성이 높다. • 전집에 대한 사전지식이 필요 없다.	• 하위집단들의 특성을 파악하고 비교가 서로 가능하다. • 단순무선표집보다 오차가 적다.	• 시간과 경비가 절약된다. • 작업이 비교적 간단하다.	• 군집표집의 변형으로 단계적으로 표집한다.	• 전집이 순서없이 배열되어 있다는 가정에서 일정한 간격으로 표집을 수행한다. • 통상 전집의 수가 적을 경우에 사용된다.
단점	• 소수의 특정 사례를 간과하여 표집 오차가 커질 수 있다.	• 전집의 특성에 대한 지식이 요구된다. • 분류시 오류가 발생할 수 있다.	• 군집수가 적을수록 표집오차는 올라간다. • 대표 표집이 어려우므로 표본이 독립적 아니므로 다른 통계의 적용이 곤란하다.		

〈표1-3〉 표본 추출 방법의 비교

확률표본추출방법	비확률표본추출방법
• 연구대상이 표본으로 추출될 확률이 알려져 있을 때	• 연구대상이 표본으로 추출될 확률이 알려져 있지 않을 때
• 무작위적 표본추출	• 인위적 표본추출
• 모수 추정에 편기(bias) 없음	• 모수 추정에 편기 존재 가능
• 표본분석 결과의 일반화 가능	• 표본분석 결과의 일반화 제약
• 표본오차의 추정 가능	• 표본오차 추정 불가능
• 시간과 비용 많이 소요	• 시간과 비용 절약

가. 확률적 표집

전집을 구성하고 있는 모든 요소 또는 사례들로부터 주어진 요소의 선정 또는 제외가 확률적 방법의 적용이 가능한 방향으로 설계되고 표집됨으로써 한 특정한 요소를 선정할 확률을 알 수 있는 표집 방법이다. 주어진 표집을 얻을 확률을 객관적으로 규정지을 수 있는 표집 방법이므로 이를 흔히 객관적 표집 방법이라고 한다. 이에 대해서 전문가의 주관적 입장에서 또는 편의에 의해서 임의로 선정된 표집을 주관적 표집 방법이라고 부르며, 이 경우에는 주어진 표집을 얻을 확률을 객관적으로 평가할 수 없게 된다. 확률적 표집 방법에는 무선표집, 체계적 표집, 유층표집, 군집표집이 있다. 확률적 표집은 전집을 구성하고 있는 모든 요소들이 표집되는데, 0이 아닌 어떤 확률을 갖고있다는 것을 전제로 특정한 표집을 얻을 확률을 객관적으로 알 수 있도록 설계하여 표집하는 방법을 말한다.

① 단순 무선표집(Simple Random Sampling)
표집 방법에서 가장 기본적인 표본 추출방법으로 추출단위 전부에 같은 확률을 주어 추출하는 방법을 말하며, 단순 무작위 추출

또는 확률 추출이라고 한다. 단순 무선표집은 제비뽑기 같은 방식을 의미하는 것으로 이 방법은 확률적 표집 방법 중에서 가장 널리 쓰이고 있으며, 또한 다른 확률적 표집 방법의 기초가 된다.

예를 들어, 초등학교에서 면접에 의하여 주민들에게 주민들이 원하는 봉사활동의 종류에 대한 의견을 조사한다고 가정하자. 그 학군 내에는 400세대가 있으며 이 400세대 중 80세대만 고른다고 하자. 400세대 전체에 일련번호를 붙이고 제비를 400개 만든다. 통 속에 제비를 넣고 잘 섞은 제비를 80번 뽑으면 원하는 80세대를 뽑을 수 있다. 여기서 표집된 80명의 세대주와 면접을 하여 학교에서 원하는 봉사활동의 종류를 알아내면 된다. 이 80명의 의견은 400명 세대주 전체의 의견을 대표한 것이라고 본다. 이 80명은 연령, 직업, 빈부, 교육정도 등으로 보아 전체 세대주를 대표하였다고 보는 것이다. 이와 같은 방법은 가장 정확한 방법이며, 모든 표본 단위가 뽑힐 가능성이 동일하다는 확률에 기초를 두고 있다.

② 무선표집(Random Sampling)

전집(Population)이나 모집단에서 그것을 대표할만한 표집(Sample)을 선택할 때 사용하는 방법의 하나로 난선표집이라고도 한다. 전집을 구성하고 있는 모든 요소가 한 표집에 포함될 가능성이 동일한 조건하에서의 표집을 말한다. 그러나 보다 엄격한 의미에서의 무선표집이란 일정한 표집의 크기 N을 표집할 때 이러한 크기의 모든 가능한 표집들이 동일하게 표집될 가능성을 가진 조건하에서의 표집을 말한다.

예를 들어, 하나의 통 속에 동일한 모양의 탁구공을 여러 개 집어넣고 그 속에 손을 넣어 무작위로 고르는 방법으로 이에는 몇 가지 전제가 뒤따른다. 첫째, 통 속에 든 전집의 모든 사례가 똑같이 표집 당할 가능성을 가지고 있을 것, 둘째, 한 사례를 표집

하는 것이 다른 사례가 표집 당할 가능성에 아무런 영향이 없을
것, 셋째 표집 도중에 전집에 아무런 변화가 없을 것 등이다. 이
와 같은 무선 표집을 보다 과학적으로 엄밀히 하기 위해서 난수
표가 사용되기도 한다. 실제의 표집 과정에서는 무선표집 방법만
이 아니라 다른 표집방법을 혼용하기도 하는데, 이와 구별하여 직
접적으로 최종연구 단위가 되는 사례를 무선적으로 표집할 때 이
를 단순 무선표집이라 한다.

③ 유층표집(Stratified Sampling)

확률적 표집 방법의 하나로, 어떤 연구 대상이 되고 있는 요인에
비추어 전집 혹은 모집단을 나눌 수 있다면 그 나누어진 층의 비
율에 따라 전집을 가장 잘 대표할 수 있도록 표집하는 방법이다.
어떤 기준에 따라 나누어 놓은 전집의 여러 하위집단들을 유층(Str
ata)이라고 한다. 이것은 하위집단의 내부는 균일하게 하고 하위집
단간은 불균일하게 하는 것으로 하위집단을 분할해 나가는 것이다.
유층표집을 하는 이유는 전집이 어떤 특성에 의하여 확연히 구
별될 때, 그러한 특성을 고려하여 골고루 표집함으로써 좀 더 대표
적인 표집이 되도록 하는 데 있다. 비례유층표집은 유층으로 나눈
각 집단 내에서의 표집의 크기를 전집의 구성비율과 같도록 표집
하는 방법이다. 비비례유층표집은 하위집단의 크기에 비례하여 표
집을 하는 것이 아니라, 필요한 수만큼 각 집단에서 뽑는 방법으
로, 전집에서의 구성비율이 그대로 표집에 반영되지는 않는다.

④ 군집표집(Cluster sampling)

군집표집의 방법은 전집을 구성하고 있는 요소를 하나하나 뽑
는 것이 아니라 이러한 개별 요소가 한데 묶인 집단을 단위로 하
여 표집하는 방법이다. 모집단이 대단히 클 경우, 그 속에 널리

흩어져 있는 개별 사례들을 하나씩 표집하는 것보다 자연히 형성된 군집을 단위로 해서 표집하는 것이 훨씬 편리하다. 여기서 군집은 학교, 학급, 학과 등의 집단이 되거나 혹은 시, 읍, 면 등의 지역이 될 수 있다.

군집표집 방법을 이용하여 조사연구를 할 때는 몇 개의 군집을 표집해서 그 군집 내의 모든 사례들을 조사하게 된다. 군집표집 방법을 이용하면 시간과 경비를 절약할 수 있다는 이점이 있다. 자료를 수집할 때도 선정된 몇몇 군집만을 대상으로 하기 때문에 비교적 간단하게 작업을 진행할 수 있다. 그러나 표집단위의 수, 즉 군집의 수가 적을수록 표집오차가 커져서 전집을 잘 대표하는 표집이 되기가 어렵다는 단점을 지니고 있다. 또한 군집표집에서는 각 사례를 독립적으로 뽑는 것이 아니기 때문에, 독립적 표집을 기본 전제로 삼고 있는 보통의 통계적 추리 방법을 적용할 수 없다는 문제점이 있다.

⑤ 층화군집표집(Cluster sampling with stratification)

모집단을 어떤 속성에 의하여 계층으로 구분하고, 그 후 표집단위를 개인이 아니라 집단으로 하여 표집하는 방법이다. 교육개혁에 대한 교사들의 의견을 조사한다고 할 때 초등학교, 중학교, 고등학교 교사들이 각기 다른 특성을 지니고 있다고 생각하여 먼저 초·중·고등학교로 계층을 나누고 그 다음 학교를 표집 단위로 하여 표집을 한다면, 이는 층화군집표집을 하는 것이다. 또 각급 학교 수준에서 학교와 해당학교의 학급을 표집할 수도 있으며, 초·중·고등학교 수준에서 공·사립으로 층화하고 학교를 군집으로 하여 표집 할 수도 있다(성태제, 2003)[1].

---

1) 성태제(2003). 교육연구 방법의 이해. 서울: 학지사, p. 103.

⑥ 체계적 표집

전집의 구성이 특별한 순서 없이 배열되어 있다는 것을 전제로 해서 일정한 간격을 두고 표집하는 방법으로 제비뽑기 방식이 아니라, 간격을 똑같이 하여서 체계적으로 표집한다. 예를 들어 100 명중에서 50 명을 표집하는 경우엔 100 ÷ 50 = 2, 즉 2 의 간격으로 표집을 한다. 처음에 3번이 나왔으면 다음은 5, 7, 9 등의 순서로 표집을 수행한다. 첫 번째의 숫자는 무선표집에 의한다.

⑦ 단계적 표집

군집 표집의 한 변형으로, 전집에서 1차 표집 단위를 뽑은 다음, 여기서 다시 제 2차 표집 단위를 뽑는 등 최종 단위의 표집을 위하여 몇 개의 단계를 거쳐서 표집하는 방법이다.

나. 비확률적 표집

이 표집의 목적은 주관적 견지에서 전집과 같은 구성요소를 가진 대표적인 표집을 얻고자 하는 데 있다. 이 방법은 표집에 따른 오차가 어느 정도인지 계산할 수 없기 때문에 표집에서 얻은 통계치로 모수치를 추정하는데 확률적인 추리를 할 수 없다.

① 의도적 표집(Purposive Sample) 또는
   주관적 판단 표집(Judgement Sample)
이 방법은 전문가의 판단에 의해서 전집을 가장 잘 대표한다고 생각하는 일부 대표적인 지역이나 대상만을 임의로 표집하는 방법이다.

② 할당표집 방법

주관적 판단을 통한 표집 방법의 변형된 형태로서, 전집의 경우에 이를 이용하여 대표적인 표집을 얻기 위하여 전문가의 주관적 판단이 개입되는 표집 방법이다. 원래 할당이라는 말은 인구조사, 또는 의견이나 시장조사 등에서 예를 들어, 면접 조사자에게 어떠한 지역, 어떤 연령층의 성별을 가진 사람 얼마를 표집하라는 등의 구체적인 표집수를 할당하되, 그러한 테두리 안에서 구체적으로 어떤 사람을 선정할 것인가 하는 것을 면접자에게 맡기는 표집 방법이라는 데서 연유되었다.

③ 우연적 표집법

특별한 표집 계획도 없이 연구자가 임의로 가장 손쉽게 구할 수 있는 대상들 중에서 표집하는 방법으로 닥치는 대로 가장 얻기 쉬운 집단만을 대상으로 한다.

6. 가설(Hypothesis)

가설이란 변인들간의 관계에 대해서 잠정적으로 내린 결론이나 추측이라고 정의할 수 있다. 상식적으로 가설은 사건의 원인을 추리해 보는 것으로 단순히 가정(假定)의 뜻을 가지나, 이론적 의미에서의 가설은 과학 연구에서 쓰이는 가정을 뜻한다. 가설이 관찰·실험 등의 방법을 통하여 사실과 일치되는 것으로 검증되는 경우에 과학적 법칙으로 성립하며 객관적인 진리로 인정된다.

물론, 과학적인 법칙도 새로운 반증에 의해서 부정될 수 있다는 점에서 엄격한 의미로는 가설에 불과하다. 따라서 가설은 과학이 발전하기 위한 필연적인 단계라 할 수 있으며 개개의 문제뿐만

아니라 어떤 대상 영역 전체에 관한 문제인 경우도 있다. 가설의
종류는 <표1-4>와 같다.

가. 연구가설

어느 한 연구 분야와 관련된 이론으로부터 논리적으로 변인과
변인간의 관계를 추리한 진술이다. 예컨대 지능과 학습 이론을 토
대로 하여, "개인의 지적 수준과 학업 성취도간에는 정적 상관이
있을 것이다"라고 연구가설을 세울 수 있다.

나. 통계적 가설

어떤 조사 대상 전체, 즉 전집의 특성에 대하여 추측한 것을 말
하며 일반적으로 모수치에 관한 수식 또는 기호로 나타낸다. 예를
들어 "우리 나라 초등학교 1학년 아동들의 평균 신장은 130㎝일
것이다"라고 추측하고 '$H=\mu=130$'으로 표시하는 것이 하나의 통
계적 가설이다. 이러한 통계적 가설은 표집에서 얻는 정보를 토대
로 검증할 수 있다. 예를 들어 지능이 높으면 학업 성적도 높을
것이다. 라는 가설은 연구가설로 실행가설이라 하겠다.

〈표1-4〉 가설의 종류

영 가설 (H_0) (귀무가설)	• $\mu = \mu_0$: 차이가 없다는 가설, 기각이 목적
원가설	• 영가설
상대적 가설 (대립가설 (H_A))	• 영가설 부정시 채택되는 가설
기각역	• H0를 기각하는 병위
유의수준 (α)	• 검정통계(Z)가 기각역에 들어갈 확률10%, 5%, 1%
제1종 착오	• H0가 옳은데 부정하는 것으로 채택하는 것을 부정한다
제2종 착오	• H0가 틀리는데 긍정하여 채택하는 것을 의미한다
CR치(요비)	• H0 의 긍, 부정의 한계점
의의도(P)	• 의의가 있는 수준

다. 영가설(Null hypothesis)

통계적 가설이란, 어떤 조사대상 전체, 즉 전집(全集)의 특성에 대하여 추측한 것을 말하며 일반적으로 모수치에 관한 수식 또는 기호로 나타낸다. 통계적 가설은 다시 원가설 또는 영가설과 상대적 가설 또는 대립가설로 구분된다.

영가설은 둘 또는 그 이상의 모수치 간에 '차이가 없다' 혹은 '관계가 없다'고 진술하는 가설 형태를 말한다. 영가설을 귀무가설(歸無假說)이라고도 한다. 대립가설은 원가설에 상대적으로 대립시켜 설정한 가설로서, 일반적으로 연구자가 표집조사를 통하여 긍정이 되기를 기대하는 예상이나 주장하려는 내용을 대립가설로 세운다. 예를 들어 "남녀간의 언어능력에는 차이가 있을 것이다."라는 연구가설이 있다고 할 때 이 연구자가 입증하고자 하는 것은 남자와 여자간의 언어능력에는 서로 차이가 있을 것이라는 예상이므로 "남녀간의 언어능력에는 차이가 있다."라고 통계적 가설의 대립가설을 설정한다. 그러면 영가설은 자연히 이것과 반대되는 주장, 즉 "남녀간의 언어능력에는 차이가 없다."는 것이 된다.

라. 가설검증(Hypothesis testing)

논리학에서는 일정한 존재에 관하여 그것이 어떠한 사태에 있는가를 밝히는 사고 또는 주장이나 판단의 진위를 입증하는 추론과정을 가설검증이라 한다. 가설을 검증하는 방법에는 여러 가지가 있는데 통계적 가설 검증(testing statistical hypothesis)은 연구가설을 수식으로 전환시킨 다음, 확률론에 입각하여 가설의 진위를 추론하는 통계적 의사결정(statistical decision making)을 의미한다. 개연율을 따져 가설의 진위를 검증하는 방법이라고 하여 통계적 가설 검증을 유의성 검증(test of significance)이라고 할 때도 있다.

7. 집중 경향치

가. 집중경향의 개념

자료를 빈도 분포표로 정리하는 것은 자료의 의미를 이해하는 한 가지 방법이기는 하지만 다시 간단한 수치로서 자료 전체의 특징을 나타낼 필요를 느끼게 된다. 수치의 특징을 대표하는 일반적인 방법은 집중경향으로서의 수치이다. 측정에 있어서 많은 분포는 어떤 점의 근처에 집결되는 경향이 있다. 집중경향의 측정은 분포가 집결되는 어떤 점 또는 값을 계산함으로써 얻어진다. 보통

집중경향을 표시하는 측정치를 평균(average)이라고 한다.

일반적으로 평균이라고 할 경우에는 측정치의 합계를 측정수(사례수)로 나눈 산술평균과 구별한다. 평균이라는 말은 일반적으로 사용되고 있으나 그것이 어떤 방법으로 계산되었는가에 따라서 그 의미를 달리한다. 집중경향치의 대표적인 종류로는 최빈치, 중앙치, 평균치가 있다.

① 최빈치

집중경향치 중에서 가장 간단한 것으로, 측정치의 분포에서 가장 자주 나타나는 측정치를 의미한다. 그러나 최빈치란 어떤 분포에서 가장 많이 나타나는 점수이지 그 점수의 빈도가 아니라는 점을 유의해야 하며, 특히 명명척도의 자료일 때 용이하게 쓰인다.

② 중앙치

측정치 분포의 가장 중간에 있는 점수로서 측정치의 50%를 상하로 나누어지게 하는 점수를 의미한다. 즉 누가 백분율 50%에 해당되는 점수로서 서열척도의 자료에 적당하다.

③ 평균치

가장 흔하게 쓰이는 집중경향치로서 중앙치나 최빈치에 비하여 가장 안정성이 있다. 그 이유는 평균이 분포 내의 모든 측정치의 영향을 받기 때문이다. 평균은 동간척도나 비율척도의 자료에서만 계산이 가능하며, 후속적인 통계적 처리가 필요한 경우와 분포가 심하게 편포되어 있어 극단 치의 영향을 배제하고 싶을 때 주로 이용된다.

8. 실험설계(Experimental design)

가. 개념

복잡한 현상을 보다 정확히 이해하고 예측하기 위하여 고안된 연구 방법으로 연구의 목적상 관심이 있는 요소들만을 선별하여 그들간의 인과관계를 집중적으로 관찰 분석하는 방법이다. 이때 외생변수의 통제가 중요하게 작용한다.

나. 외생변수의 종류

- 우발적 사건(history): 실험자의 의도와는 관계없이 실험기간에 일어난 사건
- 성숙효과(maturation effect): 실험 기간 중에 실험집단의 특성이 변화함으로써 결과에 영향을 미치는 경우.
- 시험효과(testing effect): 동일한 측정을 반복함으로써 일어나는 현상(주시험효과)과 실험변수를 가하기 전 결과변수에 대한 측정이 실험변수에 영향을 주는 경우(상호작용 시험효과)이다.
- 측정수단의 변화(instrumentation): 측정자와 측정방법이 달라짐으로써 측정결과에 영향을 미치는 현상이다.
- 통계적 회귀(statistical regression): 극단적 상태에서 실험처리를 할 경우, 시간이 지남에 따라 평균으로 접근하려는 경향이다.
- 표본의 편중(selection bias): 표본이 일반적이고 대중적이지 못한 경우.
- 실험대상의 소멸(mortality): 실험 대상으로 선정되었던 집단이 실험 기간 중에 실험대상에서 이탈하게 된 경우.

다. 외생변수의 통제방법

- 제거(elimination): 외생변수로 작용할 수 있는 요인이 실험상황에 개입되지 않도록 하는 방법.
- 균형화(matching): 예상되는 외생변수의 영향을 동일하게 받을 수 있도록 실험집단과 통제집단을 선정하는 방법.
- 상쇄(counter balancing): 외생변수가 작용하는 강도가 다른 상황에 대해서 다른 실험을 실시함으로써 외생변수의 영향을 제거한다.
- 무작위화(randomization): 어떠한 외생변수가 작용할지 모르는 경우, 실험집단과 통제집단을 무작위로 추출한다.

9. 조사설계(Research design)

가. 개념

조사설계(research design)는 조사문제에 대한 해답을 구하고, 오류(error)를 통제하기 위해 만들어진 조사연구의 계획(plan), 구조(structure), 전략(strategy)을 의미한다. 조사설계는 조사문제에 대한 해답을 가능한 한 타당성 있고 객관적이며 정확하고 경제적으로 접근하여 해결할 수 있도록 고안한 하나의 체계이다.

- 계획(plan) : 조사전체의 구성, 조작에서부터 최종적인 분석에 이르기까지의 윤곽.
- 구조(structure) : 관계변수의 조작에 관한 윤곽, 또는 시행방침을 의미한다.

• 전략(strategy) : 자료를 수집하고 분석하는데 사용되는 구체적 방법을 의미한다.

나. 성격

• 조사설계는 완전한 해답을 제공하지는 못한다. 일정수준 이상으로만 신뢰도, 타당도를 요구할 수 있다.
• 가설을 명백하게 증명하는데 어려움이 따른다.
• 유일하고도 완전한 조사설계는 존재하지 않는다.
• 조사문제, 비용, 시간, 능력, 활용가능성 등을 복합적으로 고려한 하나의 타협안이 될 수 있다.
• 올바른 방향으로 연구하기 위한 청사진을 제공해주고, 현지의 상황을 고려하여 수정이 가능하다.

다. 형태

• survey 조사설계 : 변수간의 관계보다는 어떤 사실(실태)의 발견이나 기술에 적합하다.
• 실험설계 : 통제된 조건에서 원인과 결과에 관한 문제의 해결에 적합하다.
• 사례연구 조사설계
• 내용분석 조사설계

제2부 데이터(data) 안내 및 데이터 변환

제2장 데이터(data) 안내 및
데이터 변환

본 장에서는 통계분석에 사용된 데이터에 대하여 안내한다. 그리고 원천 데이터를 연구의 목적에 맞게 적절하게 이용할 수 있는 데이터로 변환하는 방법에 대해 설명하고자 한다. 통계도구는 SPSS 10.0이다.

1. 데이터 안내

<표2-1>의 데이터는 사회계층에 따라 학생이 지각한 교사 효율성과 학업성취와의 관계를 알아보기 위한 것이다.

본 데이터의 성격은 A, B초등학교 5, 6학년 학생을 대상으로 하여 학생들의 사회계층 변인에 따라서 자신의 담임 교사에 대한 효율성[1] 지각과 그에 따른 학업성취와의 관계를 밝히는 변수들로 구성이 되어있다. 이상의 연구문제를 해결하기 위해 잘 가르치는 교사의 수업행동에 대한 설문 내용으로 구성이 되어 있다.[2]

---

[1] 교사 효율성이란 학생의 학습 결과와 상관이 있는 교사의 수업행동을 의미한다. 여기서 교사의 수업 행동이 학생의 학업 성적에 유의한 결과를 미치는 수업행동 측면에서의 효율성을 교사 효율성으로 본다.

[2] 교재에 사용된 data는 KSI 사이트에서 내려 받을 수 있다.
http://ebook.kstudy.com/file

〈표2-1〉 데이터 코딩 표(Coding)

변인	항목내용	변수(Value)
학교	A, B초등학교	1: A초등학교, 2: B초등학교
학년	5, 6학년	1: 5학년, 2: 6학년
성별	남자, 여자	0: 여자, 1: 남자
교육정도	초, 중, 고, 대학교	1: 초졸, 2: 중졸, 3: 고졸, 4: 대졸이상
직업	판매직, 관리직, 전문직, 공무원, 자영업, 단순 노무직	1:판매직, 2:관리직, 3:전문직, 4:공무원, 5:자영업 ,6:단순 노무직
형제 수	1명, 2명, 3명, 4명 이상	1: 1명, 2: 2명, 3: 3명, 4: 4명 이상
성적	수학, 과학 교과의 평균 점수를 사용	

	전혀 그렇지않다	그렇지 않다	그렇다	매우 그렇다
1. 중요한 수업내용을 여러 번 반복해서 말씀하신다.	1	2	3	4
2. 수업이 끝난 후에 배운 것을 이해 할 수 있다.	1	2	3	4
3. 배울 내용에 대해 학생들이 어느 정도 알고 있는지 점검한 다음 수업을 진행하신다.	1	2	3	4
4. 가르친 내용을 학생들이 기억할 수 있도록 여러가지 재미있는 이야기나 교과서 외의 이야기를 해 주신다.	1	2	3	4
5. 선생님은 가르치는 과목이나, 또는 우리를 가르치는 일을 재미있어 하시는 것 같다.	1	2	3	4

	전혀 그렇지않다	그렇지 않다	그렇다	매우 그렇다
6. 공부 잘하는 학생에게 더 관심을 갖는다.	1	2	3	4
7. 우리에게 친절히 잘 대해 주신다.	1	2	3	4
8. 우리와 서로 토론할 시간을 주신다.	1	2	3	4
9. 중요한 수업 내용을 설명할 때는 예를 들어주신다.	1	2	3	4
10. 문제를 이해하는데 알맞은 예를 들어 주신다.	1	2	3	4
11. 수업 시작하기 전에 수업 목표가 무엇인지, 혹은 수업내용이 어떻게 진행될 것인지를 간단하게 말씀해 주신다.	1	2	3	4
12. 선생님은 수업시간에 질문을 많이 하신다.	1	2	3	4
13. 학생들이 자신의 의견을 발표한 것이 틀리더라도 선생님은 칭찬을 하거나 격려해 주신다.	1	2	3	4
14. 차별대우없이 모두에게 같은 관심을 보이신다.	1	2	3	4
15. 틀린 것은 친절히 알려 주신다.	1	2	3	4
16. 자진해서 질문하는 것을 반가워 한다.	1	2	3	4
17. 선생님은 수업 내용을 모든 학생들에게 철저하게 이해시키려고 하신다.	1	2	3	4
18. 알아들을 수 있게 쉬운 말을 사용하신다.	1	2	3	4
19. 수업 준반에 이전 시간에 배운 내용을 요약해서 복습해 주신다.	1	2	3	4
20. 선생님은 실생활과 관련된 예를 자주 들어준다.	1	2	3	4
21. 선생님은 우리를 잘 이해해 주신다.	1	2	3	4

	전혀 그렇지않다	그렇지 않다	그렇다	매우 그렇다
22. 모든 학생에게 고루 관심을 보이신다.	1	2	3	4
23. 유쾌한 마음으로 수업을 진행 하신다.	1	2	3	4
24. 학생의 생각이나 의견을 바탕으로 수업을 진행하신다.	1	2	3	4
25. 선생님께서는 가르칠 내용을 우리가 분명히 이해할 수 있도록 표현하신다.	1	2	3	4
26. 수업이 끝난후 아직도 알수 없는 것이 있다.	1	2	3	4
27. 선생님은 학생들이 말한 대답이나 의견이 수업내용과 어떤 관련을 가지느지를 설명해 주신다.	1	2	3	4
28. 선생님은 익숙하고 쉬운 내용에서 어려운 내용으로 단계적으로 설명하신다.	1	2	3	4
29. 선생님의 질문에 학생이 답을 하면, 선생님은 그 답이 맞았는지, 틀렸으면 어디가 틀렸느지를 지적해 주신다	1	2	3	4
30. 어떤 학생에게만 관심을 갖는다.	1	2	3	4
31. 우리의 생각을 받아 주려고 애쓴다.	1	2	3	4
32. 질문에 대답할 시간을 충분히 주신다.	1	2	3	4
33. 선생님의 목소리는 뒤에서도 잘 들린다	1	2	3	4
34. 선생님의 수업은 명쾌하다.	1	2	3	4
35. 선생님은 중요한 내용을 중심으로 가르치신다.	1	2	3	4

	전혀 그렇지않다	그렇지 않다	그렇다	매우 그렇다
36. 선생님은 학생들이 토론을 하거나 학생 개개인의 생각들을 발표할 수 있는 기회를 자주 만드신다.	1	2	3	4
37. 선생님은 인생에 도움이 되는 이야기를 자주 하신다.	1	2	3	4
38. 우리 선생님은 공평하게 일을 처리 하신다.	1	2	3	4
39. 우리 선생님은 인자하신 분이다.	1	2	3	4
40. 선생님은 수업을 하시면서도 학생들을 두루 살펴 보신다	1	2	3	4

학생의 사회계층3)은 부의 직업과 교육정도로 파악할 수 있으며
<표2-2>, <표2-3>과 같이 평정 점수화하여 두 요소를 합산한 것
을 사회계층 점수로 활용한 것이다.

〈표2-2〉 직업 평정표

직 업	평 점
자본가, 대기업주, 정부의 고위 관리자	6
전문직(변호사, 의사, 판사, 검사, 대학교수)	5
관리직 공무원(계장급이하 공무원, 회사원) 교사, 약사, 한의사, 의료 보조원, 종교인	4
자영업(도·소매업, 가내 수공업, 요식숙박업소 경영)	3
판매직(숙련 노동, 운전사, 이·미용등의 서비스직)	2
단순 노무자(비숙련공, 임시 고용인, 수위, 청소부)	1

〈표2-3〉 교육 평정표

교 육 수 준	평 점
대학원 이상 졸업	6
대학교 졸업	5
초대 및 전문대 졸업	4
고등학교 졸업	3
중학교 졸업	2
초등학교 졸업	1

각 문항 형식은 Likert식 4 품등 척도로 '전혀 그렇지 않다'(1),
'그렇지 않다(2)', '그렇다(3)', '매우 그렇다(4)'로 이루어져 있으
며, 효율적인 교사의 수업행동을 측정하는 수업행동 변인에 해당
하는 문항은 <표2-4>와 같다.

---

3) 김채윤(1964)은 『사회계급의 개념도식』에서 계층을 사회의 성원들이 점하
   고있는 사회적 지위의 상하에 따라 몇 개의 범주로 구획되며 이 구획된 사
   회 범주의 각각을 사회계층이라고 정의한다.

〈표2-4〉 효율적인 교사의 수업행동측정 도구의 문항별 번호

수업행동변인	문 항 번 호
수업지도 내용의 명료성	1, 9, 17, 25, 33
수업지도 내용의 설명능력	2, 10, 18, 26, 34
수업지도 내용의 구조화	3, 11, 19, 27, 35
수업지도 내용의 다양화	4, 12, 20, 28, 36
수업지도 내용의 동기화	5, 13, 21, 29, 37
교사의 공정성	6, 14, 22, 30, 38
교사의 온정성	7, 15, 23, 31, 39
교사와 학생간의 상호작용	8, 16, 24, 32, 40

2. 데이터 변환

가. 변수 값의 계산

〈표2-5〉산술 연산자

기 호	의 미	예
+	덧셈	A＋B
－	뺄셈	A−B
*	곱셈	A＊B
/	나눗셈	A/B
＊＊	지수	A＊＊B
( )	연산순서	

〈표2-6〉 관계 연산자

기 호	연산자	내 용
<	LT	보다 작다
>	GT	보다 크다
≤	LE	작거나 같다
≥	GE	크거나 같다
=	EQ	같다
≠	NE	같지 않다

〈예제 1〉

수업지도 내용의 명료성 변인에 해당하는 문항 1, 9, 17, 25, 33 번 문항을 하나의 변수 X11로 만들어 보자.

COMPUTE X11 = 문항 1 + 문항 9 + 문항 17 + 문항 25 + 문항 33

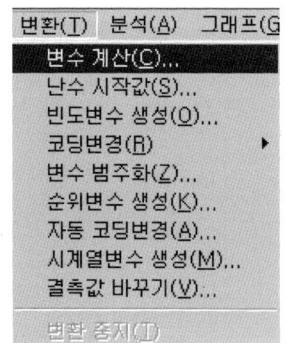

【단계 1】

• 변환 ─ 변수계산을 차례로 선택한다.

[그림2-1]

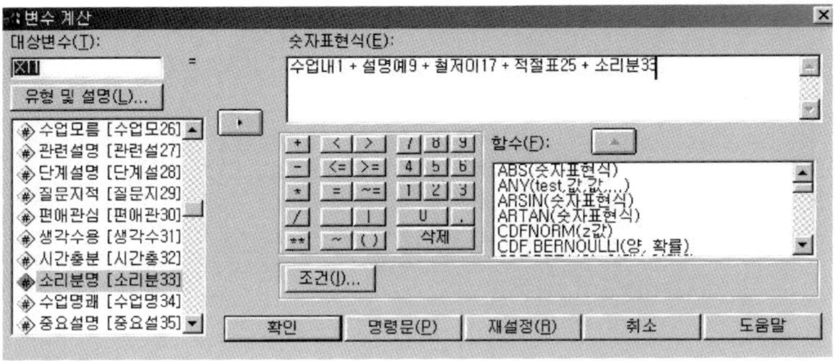

[그림2-2] 변수계산 대화상자

【단계 2】

· 대상변수 칸에 X11을 입력하고 숫자 표현식 칸에는 왼쪽에 있는 변수
들을 선택하여 각각 그림과 같이 입력한다. 확인을 누르면 완료된다.
파일을 확인하면 X11이 생성된 것을 확인 할 수 있다.

〈예제 2〉

문항 1, 9, 17의 변수를 평균하여 하나의 변수명 B로 만들기.

COMPUTE B = (문항 1 + 문항 9 + 문항 17) / 3.

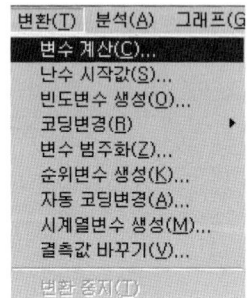

[그림2-3]

【단계 1】

• 변환 ─ 변수계산을 차례로 선택한다.

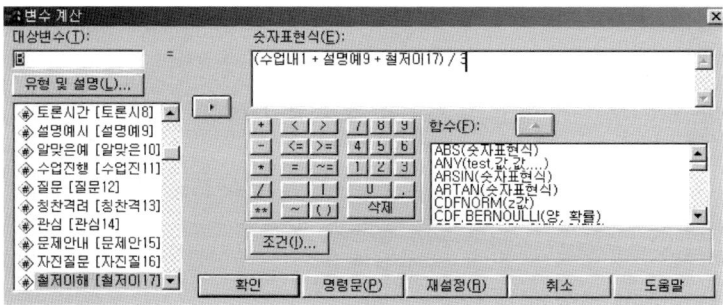

[그림2-4] 변수계산 대화상자

【단계 2】

• 대상변수 칸에 B을 입력하고 숫자 표현식 칸에는 왼쪽에 있는 변수들을 선택하여 각각 그림과 같이 입력한다. 확인을 누르면 완료된다. 파일을 확인하면 B가 생성된 것을 확인 할 수 있다.

〈예제 3〉

문항 1을 문항 9의 변수로 나눈 다음 이를 제곱하여 하나의 변수명 C로 만들기.

$$\text{COMPUTE } C = (\text{문항 } 1 \, / \, \text{문항 } 9)^{**} 2$$

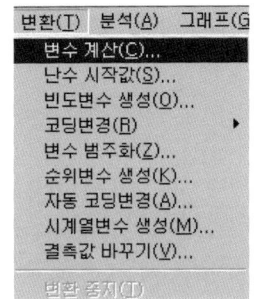

[그림2-5]

【단계 1】

• 변환 ― 변수계산을 차례로 선택한다.

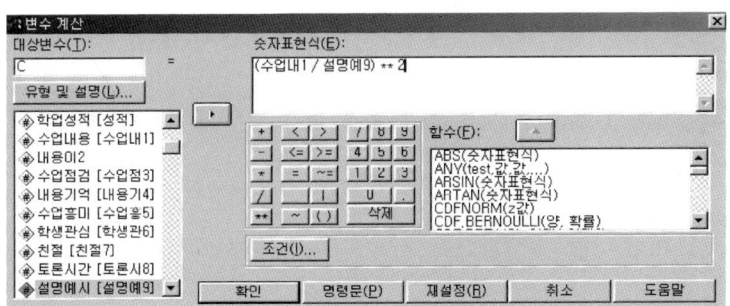

[그림2-6] 변수계산 대화상자

【단계 2】

• 대상변수 칸에 C을 입력하고 숫자 표현식 칸에는 왼쪽에 있는 변수들
을 선택하여 각각 그림과 같이 입력한다. 확인을 누르면 완료된다. 파일
을 확인하면 C가 생성된 것을 확인 할 수 있다.

〈예제 4〉 같은 변수로 코딩 변경하기

직업 변수의 변수 값 중에서 4를 기준으로 1과 2, 3은 1로, 그리고 5, 6은 2로 재분류하기.

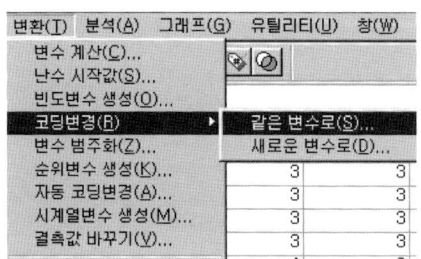

【단계 1】

• 변환 ─ 코딩변경 ─ 같은 변수로를 차례로 선택한다.

[그림2-7]

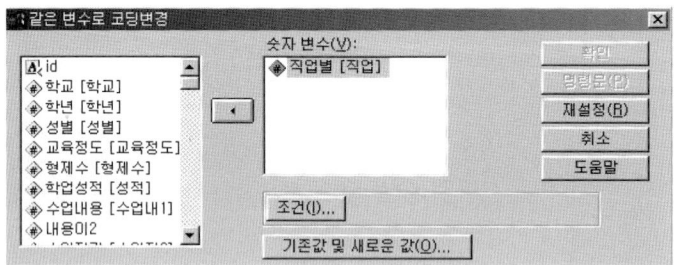

[그림2-8] 같은 변수로 코딩변경 대화상자

【단계 2】

• 왼쪽 변수 상자에서 직업 변수를 선택하여 그림과 같이 오른쪽 칸으로 옮긴다. 다음으로 기존 값 및 새로운 값 버튼을 클릭한다.

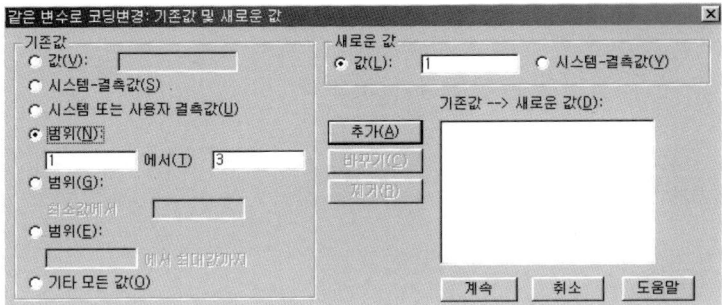

[그림2-9] 기존 값 새로운 값 대화상자

【단계 3】

• 기존 값 칸의 범위 칸에서 1에서 3을 입력하고, 새로운 값 칸에 1을 입력한다. 그리고 추가 버튼을 클릭한다.

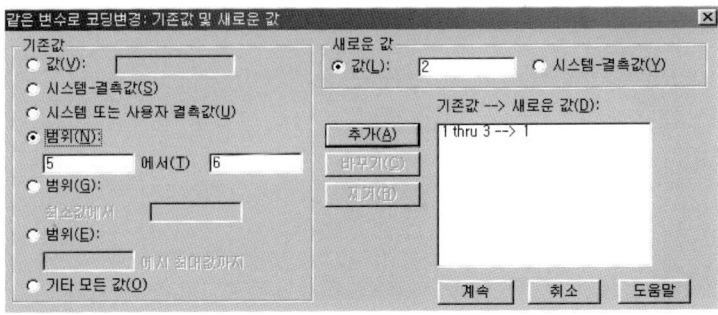

[그림2-10] 기존 값 새로운 값 대화상자

【단계 4】

• 기존값 칸의 범위 칸에 5에서 6을 입력하고, 새로운 값 칸에 2을 입력한다. 그리고 추가 버튼을 클릭 한다. 계속을 클릭하고 같은 변수로 코딩 변경 대화상자에서 확인 버튼을 선택하면 1과 2로 변환된 변수 값이 직업 열에 나타난다.

＜예제 5＞ 새로운 변수로 코딩 변경하기

성적이 0점에서 69점까지 학생은 0으로, 70점에서 100점까지의
학생은 1로 코딩변경을 이용하여 재분류하기(성적분류).

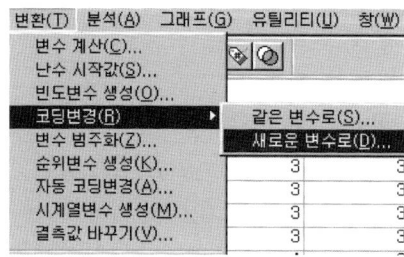

【단계 1】

• 변환 ― 코딩변경 ― 새로운
변수로를 차례로 선택한다.

[그림2-11]

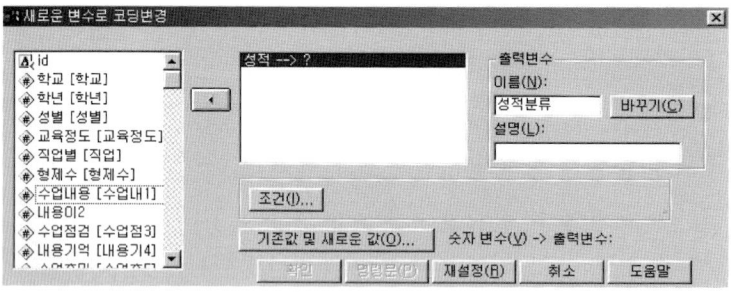

[그림2-12] 새로운 변수로 코딩변경 대화상자

【단계 2】

• 새로운 변수로 코딩 변경 창이 나타나면 왼쪽 칸에 있는 성적 변수를
오른쪽 칸으로 이동시키고, 출력변수 이름 칸에 성적분류라 적고 기존
값 및 새로운 값의 버튼을 클릭한다.

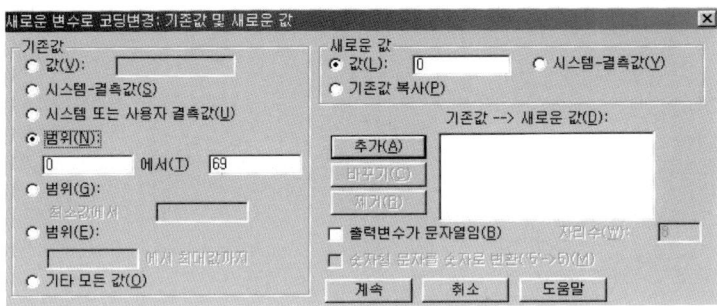

[그림2-13] 기존 값 새로운 값 대화상자

【단계 3】

• 기존 값에서 범위 칸에 0에서 69를 입력하고, 새로운 값에는 0을 입력
하고 추가 버튼을 누른다.

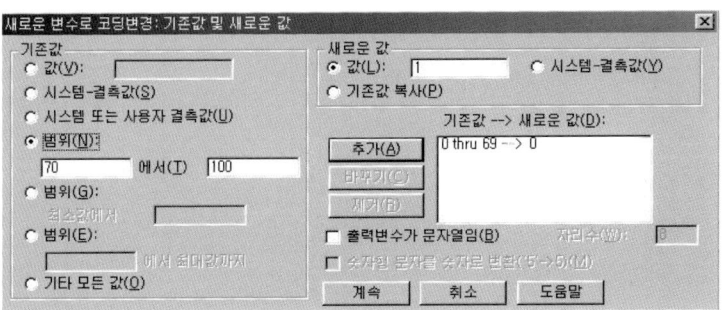

[그림2-14] 기존 값 새로운 값 대화상자

【단계 4】

• 기존 값에서 범위 칸에 70에서 100를 입력하고, 새로운 값에는 1을 입
력하고 추가 버튼을 누른다. 그 후 계속 버튼을 누르면 새로운 변수로
코딩 변경 대화상자에서 계속을 클릭한다.

제3부 빈도분석
(frequency analysis)

제3장 빈도분석

1. 목적

빈도분석은 원천 데이터의 내용(이산적: Discrete)들이 도수분포표상에서 어떠한 분포적 특성을 가지고 있는지를 파악하는 데 이용되고 있다. 이들 분포들의 특성은 다음과 같다.

① 빈도분석은 논문에 나타난 해당 범주나 분석단위의 빈도를 산출하는 방법으로 빈도, 상대적 빈도, 누적빈도와 같은 도수분포표 등으로 구성되어 있다.
② 고급통계 실시전 각 변수(문항)의 단순 응답분포(%, 평균 등)를 알아보기 위해 실시하며 최빈값, 중앙값, 산술평균과 같은 중심화 경향을 나타내는 통계량들을 알 수 있다.
③ 표본선정 배경 및 방법, 조사시기 및 조사기간, 설문지 배포 수, 회수율, 불성실 응답 수, 최종유효 표본 집단 수 등을 알수 있으며, 이 같은 특성치 들을 하나의 바 차트나 히스토그램으로 그래픽 처리하는데도 빈도분석이 널리 이용된다.

2. 원리

1) 도수분포표(Frequency distribution table)

단순빈도와 누적빈도를 구할 수 있다. 그러나 변수의 척도가 명목척도일 경우에는 누적빈도는(cumulative distribution) 아무런 의미를 갖지 못한다. 또한 척도가 등간척도 이상이고 자료의 범위가 넓을 경우에는 개별 수치에 대한 빈도 수는 자료의 특성을 요약하지 못하므로 자료를 재코딩(Recode)하여 계급화 한 후 빈도 수를 구해야 한다.

2) 막대 그래프(Bar Chart)와 히스토그램(Histogram)

두 그래프의 모양에는 아무런 차이가 없다. 막대그래프는 순위 척도 이하인 자료에, 히스토그램(Histogram)은 등간 척도 이상인 자료에서 주로 사용한다.

3) 집중경향치

가. 집중경향의 개념

① 집중경향이란 분포가 집중적으로 몰려 있는 곳을 측정
② 집중경향이란 한 분포에 들어있는 여러 수치를 종합적으로 대표하는 수치

나. 산술 평균치(M)

① 한 집단에 속하는 모든 점수(측정치)의 합을 이 집단의 사례
수로 나눈 것.
② 평균을 중심으로 얻어진 편차점수의 제곱의 합은 다른 어떤
값을 기준으로 얻은 편차로 점수의 제곱의 합보다 항상 적
다.
③ 점수분포의 균형을 이루는 점이 된다.
④ 가장 신뢰로운 대표치이며, 평균치로부터 모든 점수의 차의
합은 0이 된다.
⑤ 집합적 자료(grouped data)의 평균: 중간값(midpoint)을 통한
평균값의 산정 방식.
⑥ 가중평균(weighted mean or weighted average): 각 사례별
의 수치가 단순히 합해서 전체사례수로 나누어 계산되는 평
균과는 달리 각 사례의 중요성에 따라 비중을 달리 책정하
여 수치가 계산되는 평균을 말한다.

다. 중앙치(Mdn)

① 집단에서 얻은 점수 또는 측정치를 그 크기의 순서로 배열
해 놓았을 때 정확히 절반으로 나누는 값이다.
② 용도: 분포가 심하게 편포되어 있어 이런 극단 치의 영향을
배제하고 싶을 때.
③ 계산: 15, 17, 18, 20, 23, 24, 27, 30에서 Mdn은 21.5이다.

라. 최빈치(Mo)

① 한 분포에서 가장 빈도가 많은 점수나 유목을 말한다.
② 용도 : 집중경향을 빨리 알고 싶을 때.
③ 집중경향치 중에서 가장 신뢰성이 낮다.

4) 표준편차(standard deviation)

가. 표준편차의 개념

① 표준편차란 평균으로부터의 편차점수를 자승하여 합하고 이
를 사례수로 나누어서 그 제곱근을 얻어낸 것이다.

$$SD = \sqrt{\frac{\sum x^2}{N}} = \sqrt{\frac{\sum(X - \overline{X})^2}{N}}$$

② 용도(기능)
 ㉠ 수리적인 다양성을 지니며, 상관도, 표준오차, 회귀방정
  식 등의 계산이 뒤따를 때 사용한다.
 ㉡ 정상분포곡선에 관련된 해석을 원할 때 사용한다.
 ㉢ 가장 신뢰로운 변산도를 원할 때 쓰인다.

나. 표준편차의 특징

① 한 집단의 모든 점수에 일정한 점수를 더하거나 빼도 표준
편차는 변화하지 않는다.
② 표준편차는 산술평균과 마찬가지로 그 분포 상에 있는 모든

점수의 영향을 받는다.

③ 평균으로부터 편차점수의 자승화($\sum x^2$)는 다른 어떤 기준으로부터의 자승화보다 최소가 된다.

④ 표준편차는 표집에 따른 변화인 표집 오차가 가장 적다.

다. 표준편차와 정상분포는 일정한 관계를 가지고 있다.

① $\overline{X} \pm 1\sigma$: 총 사례의 약 **68%**가 이 점수 사이에 포함된다.

② $\overline{X} \pm 2\sigma$: 총 사례의 약 **95%**가 이 점수 사이에 포함된다.

③ $\overline{X} \pm 3\sigma$: 총 사례의 약 **99%**가 이 점수 사이에 포함된다.

5) 변량(variance)

변량이란 여러 사례가 갖는 값을 평균을 중심으로 어떻게 분산되어 있는가에 대하여 측정한 것을 말한다.

6) 분포의 형태(form of a distribution)

① 왜도(**skewness**) : 여러 사례들이 평균치를 중심으로 양쪽이 대칭적인 정상분포, 오른쪽으로 치우친 경우, 왼쪽으로 치우친 경우 등으로 표시될 수 있다.

② 첨도(**kurtosis**) : 여러 사례가 변인의 한 값에 몰려 있느냐, 혹은 여러 값에 골고루 분포되어 있느냐의 정도를 나타내는 것을 말한다.

3. 연구상황

학생의 사회계층(교육정도, 직업별) 분포 현황을 알아보기 위하여 빈도분석을 실시한다.

4. 빈도분석의 실행

【단계 1】

• 분석 ― 기술통계량 ― 빈도 분석을 차례대로 실행한다.

[그림3-1]

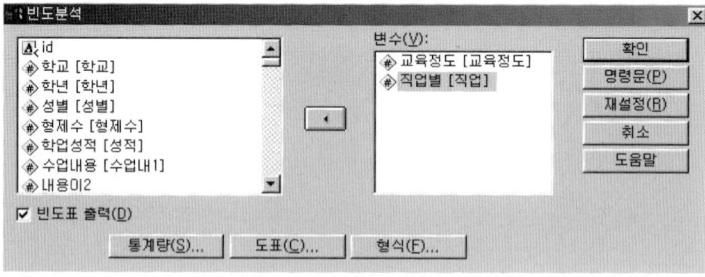

[그림3-2] 빈도분석 대화상자

【단계 2】

• 분석하고자 하는 변수(교육정도, 직업별)를 왼쪽 창에서 선택하여 오른쪽 상자로 보낸다. 아래에는 통계, 챠트, 형식이라는 2차 대화 상자가 있다. 이들 2차 대화 상자에서 원하는 통계량, 옵션을 지정할 수 있다.

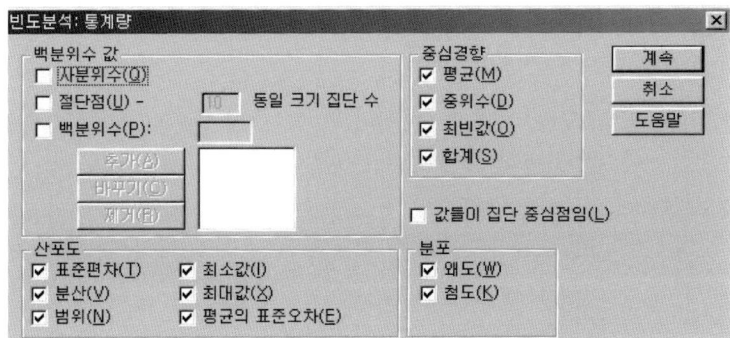

[그림3-3] 통계량 대화상자

【단계 3】

• 백분위수 값: 데이터를 특정 %는 위에 있고 다른 %는 아래에 있도록 집단을 구분하는 양적 변수 값을 말한다.
• 사분위수: 0-25, 25-75, 75-100의 집단으로 구분하여 백분위 값 산출
• N 분위수: 입력한 값을 단위로 등간격의 백분위 값을 산출한다. 2와 100사이의 양의 정수값을 입력한다.
• 백분위수: 사용자 정의의 비율 값을 의미하며 0과 100 사이의 값을 입력한 후 추가 버튼을 선택한다.

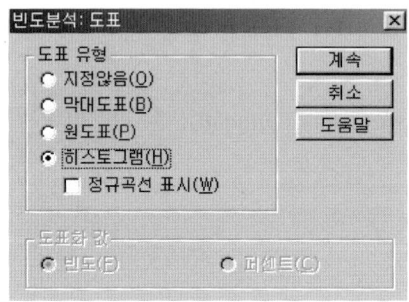

【단계 4】

• 히스토그램과 정규곡선 표시에 체크를 하고 계속을 클릭 한다.

[그림3-4] 도표 대화상자

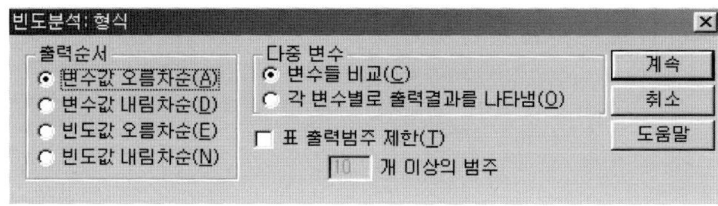

[그림3-5] 형식 대화상자

【단계 5】

• 변수값 오름차순 : 오름차순으로 정리
• 내림차순 : 변수를 내림차순으로 정리
• 빈도 오름차순 : 빈도수에 따른 오름차순 정리
• 빈도 내림차순 : 빈도수에 따른 내림차순 정리
• 변수들 비교 : 한 표에 여러 변인의 통계량을 함께 제시하여 변인간 비교.
• 각 변수별로 출력 결과를 나타냄 : 변인별로 독립적인 통계량을 표로 제시.
• 출력 범주의 제한(Suppress tables with more) : 출력되는 빈도표에서 지정한 수만큼 집단을 제한 할 수 있다.

5. 분석결과

〈표3-1〉 통계량

Statistics

교육정도

N	Valid (유효)		847
	Missing	(결측)	0
Mean (평균)			3.15
Std. Error of Mean (평균의 표준오차)			2.45E-02
Median (중앙값)			3.00
Mode (최빈값)			3
Std. Deviation (표준편차)			.71
Variance (분산)			.51
Skewness (왜도)			-.655
Std. Error of Skewness (왜도의 표준오차)			.084
Kurtosis (첨도)			.545
Std. Error of Kurtosis (첨도의 표준오차)			.168
Range (범위)			3
Minimum (최소값)			1
Maximum (최대값)			4
Sum (합계)			2667

▶ <표3-1>은 분석 통계량으로 평균, 표준오차, 중위수(media
n), 최빈값(mode), 표준편차, 분산(variance), 등의 값을 제시
하고 있다. 학생들의 부의 교육정도가 어느 정도인지는 중앙
값을 보면 3(고졸)을 나타내고 있다. 최소값 1(국졸)에서 최
대값 4(대졸이상) 까지 분포를 보이며 결측치는 0 이며, 분
석에 동원된 유효 변수는 모두 847명임을 보이고 있다.

<표3-2> 교육정도에 대한 빈도

	Frequency	Percent	Valid Percent	Cumulative Percent
Valid 국졸	22	2.6	2.6	2.6
중졸	96	11.3	11.3	13.9
고졸	463	54.7	54.7	68.6
대졸이상	266	31.4	31.4	100.0
Total	847	100.0	100.0	

▶ <표3-2>는 학생 아버지의 교육정도에 대한 빈도를 나타내고 있다. 847명의 학생을 대상으로 조사한 결과, 학생들 부의 교육정도는 고졸이 **54.7%**로 제일 많고, 그 다음이 **31.4%**로 대졸이상인 것으로 나타났다. 여기서 유효 퍼센트란 무응답 치를 제외한 사례들의 백분율을 의미한다. 여기서는 결측치가 없으므로 동일한 값을 보이고 있다.

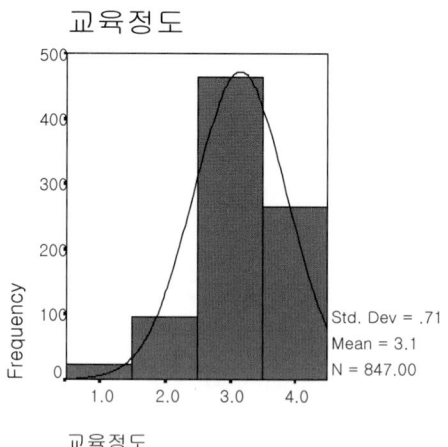

[그림3-6] 히스토그램

▶ [그림3-6]은 교육정도에 대한 히스토그램이다. 히스토그램의
결과는 우측에 표준편차가 .71, 평균이 3.1 이고, 전체
케이스(N)가 847명임을 알 수 있다. 국졸 1이 22명(2.6%),
중졸 2가 96(11.3%) 등으로 나타나고 있다.

6. 보고서 작성

〈표3-3〉 학생 부모의 교육정도의 빈도

분류 \ 통계량	빈 도	비율(%)
국졸	22	2.6
중졸	96	11.3
고졸	463	54.7
대졸이상	266	31.4
합계	847	100

※ 고려사항

▷ <표>, <그래프>의 %를 있는 그대로 묘사하되 의미의 해석
에 신중을 기한다.

▷ 조사 대상자의 특성에 관한 기본적인 기록사항

• 표본선정의 배경과 방법에 대하여 기술한다.

• 조사시기, 조사기간을 제시한다.

• 설문지의 배포 수, 회수율, 불성실 응답 수, 최종 유효표
본 집단 수를 제시한다.

▶ **해석**

학생의 사회계층 분포 현황(교육정도)을 알아보기 위하여 빈도 분석을 실시하였다. 통계 분석 결과치로는 평균, 표준오차, 중위수 (median), 최빈값(mode), 표준편차, 분산(variance) 등 통계 결과를 통해 연구자는 알 수 있었다. 이를 논문으로 보고할 경우에는 위의 보고서 양식과 같이 빈도와 비율(%) 제시만으로도 충분하다.

본 조사는 2003년 5월1일부터 5일간 이루어졌고, 효율적인 교사의 수업행동과 학업성적에 대한 학생평정이 학생들의 사회계층에 따라 어떻게 차이가 나는지 알아보기 위해 총 900부의 설문지를 배포한 결과, 862부가 회수(회수율: 95%)되었다. 여기서 불성실하게 응답한 15명을 제외하고, 나머지 총 847명의 설문 응답자를 최종유효 표본집단으로 선정하여 분석에 이용하였다. 아버지의 사회계층 분포를 알기 위해 부의 교육정도를 살펴보면 위의 <표3-3>과 같다.

【참고 논문자료 1】

고등교육의 수익에 대한 수요자의 기대 분석[4)]

1. 대학진학에 대한 의식 및 태도

대학진학에 대한 열의를 분석 정리한 <표3-4>에 따르면 대학진학을 하겠다는 학생이 95.3%, 자녀를 대학에 진학시키겠다는 학부모는 98.2%로 인문계 고등학생 및 학부모의 고등교육에 대한 수요는 예상대로 상당히 높으며, 특히 학부모의 경우는 분명하게 자녀를 대학에 진학시키지 않겠다는 경우(1.6%)를 제외하고는 모두 자녀를 대학에 진학시키겠다고 하였다.

〈표3-4〉 대학진학에 대한 열의

단위:명(%)

구분		어떤 일이 있어도 대학 진학	웬만하면 대학 진학	모르겠다	웬만하면 대학 진학 않겠다	진학하지 않겠다	계
학생	계	222(70.3)	80(25.3)	7(2.2)	7(2.2)	-	316(100)
	남	99(65.1)	47(30.9)	4(2.6)	2(1.3)	-	152(100)
	여	123(75.0)	33(20.1)	3(1.8)	5(3.0)	-	164(100)
학부모		73(57.5)	52(40.9)	-	-	2(1.6)	127(100)

---

4) 김동빈(1997). 고등교육의 수익에 대한 수요자의 기대 분석. 서울대학교 석사학위청구논문.

제4부 기술통계 분석
(Descriptive analysis)

제4장 기술통계 분석

1. 목적

기술통계분석은 요약 통계량을 계산하고 표준화된 변수값들을 데이터 파일에 저장한다. 기술통계분석의 통계처리 결과는 빈도분석의 통계량과 거의 유사하다. 그러나 빈도분석은 이산적인 변수값을 다루는데 비해 기술통계분석은 연속적인 변수값을 다룬다는 점에서 빈도분석과 다르다. 기술분석은 변인이 점수변인인 연산척도(metric scale)이어야 한다. 명목척도나 서열척도로 구성된 변인의 경우 기술분석을 수행한다 하더라도 이는 아무런 의미가 없다.

2. 원리

가. 표준점수의 개념

한 분포에서 얻어진 특정한 점수(X)를 그 집단의 평균($\overline{X}$)과 표준편차를 고려하여 환산한 점수이다. 관측치의 상대적인 위치를 기술하기 위해서는 표준점수가 이용된다. 어떤 관측치가 분포 상에서 어떠한 위치를 차지하는가를 나타내는 방법 중의 하나가 표준점수이며 이를 Z점수(Z-score)라 부른다. 이 점수는 관측치의

평균과 비교하여 어느 방향으로 몇 배만큼 떨어져 있는지를 나타
내준다.

① 원점수를 표준화된 점수척도로 변환.
② 집단에서 구성원 상호간에 비교할 때 이용된다.

나. 종류

표준점수의 종류는 <표4-1>과 같다.

<표4-1> 표준점수 종류

Z점수	$= \dfrac{X-M}{SD}$
T점수	$= 10Z + 50$
H점수	$= 14Z + 50$
C점수	$= 2Z + 5$

3. 연구상황

효율적인 교사의 수업행동 변인 중 교사의 수업지도 내용의 명
료성 변인인 1, 9, 17, 25, 33에서 변인 1, 9, 17 변인에 대한 기
술통계 분석을 실시하여 이에 대한 Z 점수를 구하여 보자.

4. 기술분석의 실행

【단계 1】

• 분석 ─ 기술 통계량 ─ 기술 통계를 차례대로 실행한다.

[그림4-1]

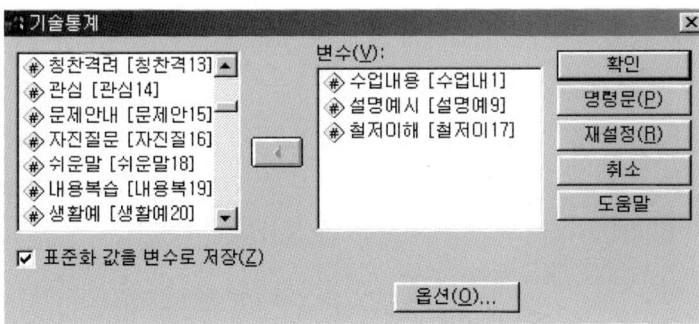

[그림4-2] 기술통계 대화상자

【단계 2】

• 분석하고자 하는 변수(1, 9, 17)를 왼쪽 창에서 선택하여 오른쪽 상자로 보낸다. 여기서 표준화 값을 변수로 저장을 선택한다. 이는 각 변수에 대해 Z 점수를 계산하고 이를 새로운 변수로 저장한다. 이때 변수 명은 변수 이름 앞에 Z 문자를 앞에 붙여서 저장하게 된다.

z수업내1	z설명예9	z철저이1	zsc001	zsc002	zsc003
.49939	.16024	1.44516	.49939	.16024	1.44516
1.79688	.16024	1.44516	1.79688	.16024	1.44516

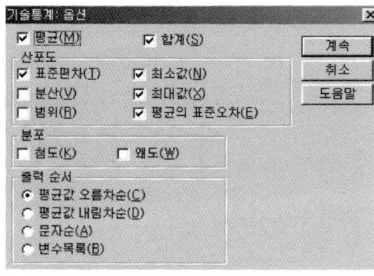

【단계 3】

• 평균, 합계, 표준편차, 최소, 최대 등의 변인 목록을 선택한다. 출력순서는 평균이 오름차순으로 제시하라고 지정하였다(기본설정).

[그림4-3] 옵션 대화상자

5. 분석결과

〈표4-2〉 기술통계

Descriptive Statistics

	N	Minimum	Maximum	Sum	Mean		Std.
	Statistic	Statistic	Statistic	Statistic	Statistic	Std. Error	Statistic
수업내용	847	1	4	2215	2.62	2.65E-02	.77
설명예시	847	1	4	2431	2.87	2.78E-02	.81
철저이해	844	1	4	2401	2.84	2.75E-02	.80
Valid N (listwise)	844						

▶ <표4-2>는 학생의 담임 교사에 대한 수업지도 내용의 명료
성 하위변인 중 수업내용의 평균은 2.62, 표준편차는 .77로
나타났다.

6. 보고서 작성

〈표4-3〉 교사의 수업지도 내용에 대한 기술통계

	N	최소	최대	평균	표준편차
수업내용	847	1	4	2.62	.77
설명예시	847	1	4	2.87	.81
철저이해	844	1	4	2.84	.80

※ (1:전혀 그렇지 않다, 2:그렇지 않다, 3:그렇다, 4:매우 그렇다.)

※ 고려사항

평균을 가지고 기술하는데, 반올림하여 기술한다.

▶ 해석

학생의 담임 교사에 대한 수업지도 내용의 명료성 설문 문항
중 중요한 수업내용을 여러 번 반복해서 말씀하신다(1번 문항: 수
업내용)에 대체적으로 그렇다, 중요한 수업 내용을 설명할 때는
예를 들어주신다(9번 문항: 설명예시) 그렇다, 선생님은 수업 내용
을 모든 학생들에게 철저하게 이해시키려고 하신다(17번 문항: 철
저이해) 그렇다에 응답을 한 것으로 나타났다(표4-3참조).

제5부 신뢰도 분석
(Reliability analysis)

제5장 신뢰도 분석

1. 목적

신뢰도 분석(Reliability Analysis)은 동일한 개념을 독립된 측정 방법으로 측정한 결과가 비슷하게 나타났는지를 알아보는 분석방법이다. 신뢰도 모형은 Cronbach의 알파(α)[1] 와 같은 일반적으로 사용되는 신뢰도 척도를 계산한다.

2. 원리

가. 신뢰성의 개념

측정된 결과치의 안정성, 일관성, 예측가능성, 정확성 등이 내포된 개념 측정도구가 측정하고자 하는 현상을 일관성 있게 측정하는 능력 또는 동일한 개념에 대해 측정을 반복했을 때 동일한 측정값을 얻을 가능성을 말한다. 즉, 신뢰도는 서로 동등한 척도 측정치간의 상관계수라 할 수 있다.

---

[1] 기본설정으로 분석하고자 하는 항목들의 데이터가 표준화된 경우 검정하고자 하는 데이터의 평균 상관관계에 근거하여 신뢰성 계수 알파를 구하고, 표준화되지 않은 경우에는 공분산에 근거하여 신뢰성계수를 구한다.

나. 신뢰도의 추정방법

측정된 변수들간의 공변량이나 상관관계에 기초하며, 재검사 신뢰도, 반분신뢰도, 동형검사 신뢰도 등이 있다. 일반적으로 Cronbach's alpha(α)는 검사도구의 내적 일관성을 말한다.

1) 재시험법(test-retest method)

두 측정점수의 상관계수가 신뢰계수이다. 동일한 측정도구를 이용하여 동일한 상황에서 동일한 대상에게 일정기간을 두고 반복 측정하여 최초의 측정치와 재측정치가 동일한지의 여부를 평가하는 방법으로 측정간격은 시험효과를 고려하여 보통 2주 간격으로 한다. 장점으로는 측정도구 자체를 직접 비교할 수 있고 적용이 간편한 반면, 단점으로는 첫째, 검사요인 효과로 처음 측정이 재검사점수에 영향을 미치는 효과를 말하고, 둘째, 성숙요인 효과로 측정간격이 길 때에 조사대상집단의 특성변화에 따른 효과가 생길 수 있다. 셋째, 역사요인 효과로 측정기간 중에 발생한 사건의 영향을 단점으로 지적할 수 있다.

2) 동형방법(alternate-form method)

동일한 개념에 대해 2개 이상의 상이한 측정도구를 개발하고 각각의 측정치간의 일치여부를 검증하는 방법으로 측정도구에 포함된 항목이나 문장들이 어떤 측정대상의 모집단의 한 표본에 지나지 않는다는 논리에 근거하며, 이를 복수 양식법(multiple forms techniques)이라고도 한다. 단점으로는 첫째, 척도간의 동등성(equivalence) 확보가 어렵다. 둘째, 신뢰성이 낮은 경우 실제 신뢰도가 낮은 것인지 동등성이 확보되지 않았기 때문인지 애매하다. 셋째, 두 가지 측정도구가 유사해지면 시험효과가 나타날 수도 있다.

3) 반분법(split-half method)

측정도구를 임의로 반으로 나누어 각각을 독립된 척도로 보고 이들의 측정결과를 비교하는 방법으로 동일한 개념에 대해 여러 개의 문항으로 측정을 하는 경우 무작위로 측정도구를 두 집단으로 나누고 이들 측정치간의 상관관계를 분석한다. 이에 대한 전제조건으로는 첫째, 측정도구의 동질성(homogeneity)이 확보되어야 한다. 즉, 측정도구가 같은 개념을 측정한다는 것이 분명하여야 한다. 둘째, 양분된 측정도구의 문항 및 항목 수 는 그 자체가 완전한 하나의 척도를 이룰 수 있을 만큼 충분해야 한다. 단점으로는 항목을 나누는 방식에 따라서 전체 신뢰도 계수의 측정치가 달라질 수 있는 단점이 있다.

4) 내적 일관성 분석
(Internal Consistency Analysis Method)

Cronbach's alpha(α)는 문항 상호간에 어느 정도의 일관성과 동질성을 갖는가를 0부터 1 사이의 값으로 나타내 준다. 동일한 항목을 측정하는 문항의 개수가 많아짐에 따라 신뢰도가 점점 높아지며, 사전 조사의 성격이 강하다. Cronbach's alpha는 문항들의 어떤 합계로 표현되는 변수에 대한 신뢰도 추정에 사용된다. 그 값이 통상 0.6은 넘어야 신뢰도가 만족할만한 수준이라고 볼 수 있다. 일반적으로 alpha(α)는 상관계수로 해석할 수 있기에 음(-)의 값을 가지는 alpha(α)는 신뢰도 모형에 위배된다고 본다. 이러

한 경우에는 신뢰도를 인정할 수가 없게 된다. Cronbach's alpha
의 값은 다음 수식 1에 의해 구해진다.

$$\alpha = kr\ /\ 1 + (k-1)r \quad \cdots\cdots\cdots\cdots[\text{수식 1}]$$
$$k:\ \text{항목수},\ r:\ \text{항목 수에 대한 평균 상관계수}$$

다. 신뢰도의 제고방안

신뢰도의 제고 방안으로 다음과 같은 방법이 동원될 수 있다.

① 측정 도구를 구성하는 문항을 분명, 정확하게 작성한다.
② 연구자의 태도와 측정방식의 일관성이 유지되어야 한다.
③ 사전에 신뢰도가 검증된 표준화된 측정도구를 이용하는 것
   이 바람직하다.
④ 조사 대상자가 무관심하거나 잘 모르는 내용은 측정하지 않
   는 것이 바람직하다.
⑤ 동일한 질문이나 유사한 질문을 2회 이상 하는 방법.
⑥ 연구하고자 하는 측정 항목 수를 늘린다. 문항간의 상관관계
   가 유사한 경우 항목의 수를 늘리면 측정도구의 신뢰도는
   일반적으로 높아진다.

라. 신뢰도 분석 모형

① 반분계수 모형
스피어만-브라운, 거트만의 이분할 계수. 항목 목록상자 내에
있는 변수들을 그 순서에 따라 이분할로 분리하여 그들 상호간의

상관관계를 계산한다.

② Guttman 모형

참된 신뢰성의 값과 그보다 적은 6개의 계수를 산출한다.

③ 동형

모든 항목들의 분산이 동일하다는 가정 하에 최대우도(Maximum-likelihood)의 신뢰성을 계산한다.

④ 절대동형

모든 항목들의 평균 및 분산이 동일하다는 가정 하에서 최대우도의 신뢰성을 계산한다. 카이 제곱 검정으로 모델의 적합성을 검정한다.

마. 타당도

1) 타당도의 개념

타당도는 검사의 진실성, 정직성을 나타내는 말로서 측정하고자 하는 개념이나 속성을 얼마나 실제에 가깝게 정확히 측정하고 있는가의 정도를 나타낸다. 개념이나 속성을 측정하기 위해서 개발된 측정도구가 해당 속성을 얼마나 정확하게 반영하느냐의 정도를 나타내므로 결국 측정개념이나 속성에 대한 개념적·조작적 정의의 타당성을 의미한다고 할 수 있다.

2) 타당도의 종류

(1) 내용 타당도(content validity)

측정 도구 자체가 측정하고자 하는 속성이나 개념을 측정할 수 있도록 되어있는가를 평가하는 것이다. 타당도의 확보방법은 측정도구의 모든 방법을 나열하여 무작위로 추출하는 경우, 측정도구의 내용을 정확히 하는 것과 측정도구가 순서대로 이루어지는 경우 순서를 일정하게 해야 한다.

(2) 기준 타당도(criterion-related validity)

통계적인 유의성을 평가하는 것으로 어떤 측정도구와 측정결과인 점수간의 관계를 비교하여 타당도를 파악하는 방법이다. 하나의 속성이나 개념의 상태에 대한 측정이 미래 시점에 있어서의 다른 속성이나 개념의 상태변화를 예측할 수 있는 정도이다. 그 종류로는 예측적(**predictive**) 타당도로 어떤 검사의 결과가 예측한 값과 실제 대상자가 나타낸 행위와의 관계를 측정하는 것으로 가장 신뢰성이 없는 방법이라 할 수 있다. 기준 타당도의 평가방법으로는 측정도구를 적용하여 얻은 값과 기술변수를 적용하여 얻은 측정값에 대한 상관분석을 실시하여 평가한다. 여기서 통상 상관계수 값이 크면 기준타당성이 높다고 할 수 있다.

(3) 구성 개념 타당도(construct validity)

측정하고자 하는 도구가 실제로 무엇을 측정했는가, 연구자가 측정하고자 하는 추상적인 개념이 실제로 측정도구에 의해 적절하게 측정되었는가의 문제로 이론적 연구에 있어 가장 중요한 타당도 개념이다.

가) 구성 개념 타당도의 종류

① 집중 타당도(convergent validity) : 동일한 개념을 측정하는 경우에는 상이한 측정방법을 사용하더라도 그 측정값들 간에 높은 상관관계가 존재 한다.
② 이해 타당도 : 이론에 근거하여 개념들간의 관계가 예상한대로 나타나고 있는지의 여부를 평가한다.
③ 판별 타당도(discriminant validity) : 상이한 개념을 측정하는 경우에는 동일한 측정방법을 사용하더라도 그 측정 값 간에는 차별성이 나타나야 한다.

나) 구성 개념 타당도의 평가방법

① 요인분석(factor analysis)
　ⓐ 여러 개의 상호 연관된 변수나 문항들을 보다 제한된 수의 변인이나 공통 요인으로 분류하는 통계분석 기법으로 요인분석의 기본원리는 항목들간의 상관관계가 높을 것끼리 하나의 요인으로 묶어주며 요인들간에는 상호독립성을 유지하도록 하는 것이다.
　ⓑ 요인내의 항목들은 집중타당성에 해당되며, 요인들간에는 판별타당성이 적용되는 것으로 해석할 수 있다.
　ⓒ 하나의 요인으로 묶여진 측정항목들은 하나의 개념을 측정하는 것으로 간주할 수 있고, 요인들 간에는 서로 상관관계가 없으므로 각 요인들은 서로 상이한 독립된 개념이 된다.

② 다속성 다측정 방법 (multitrait-multimethod matrix)
2개 이상의 개념에 대해 측정할 수 있는 도구를 각각 2개 이상
개발하고 집중타당성과 판별타당성을 평가하는 방식이다.

바. 신뢰도와 타당도

신뢰도와 타당도와의 관계는 타당성이 있는 측정은 항상 신뢰
성이 있으며 신뢰성 없는 측정은 타당도가 보장되지 않는다. 측정
도구의 신뢰도가 타당도에 비해 확보하기가 용이한 장점이 있으
나, 일반적으로 타당도의 확보가 보다 더 의미가 있다. 타당도와
신뢰도에 영향을 미치는 요인으로는 측정의 양(길이), 사회·문화적
요인, 개방형·폐쇄형 질문, 기계적인 요인과 그밖에 환경적 요인,
개인적 요인(응답자의 사회경제적 지위), 연구자의 편견 등을 들
수 있다.

3. 연구상황

초등학생들이 인식하는 효율적인 교사의 수업행동을 측정하는
수업행동 변인인 6, 14, 22, 30, 38번 문항에 대한 신뢰도를 알아
본다.

4. 신뢰도 분석의 실행

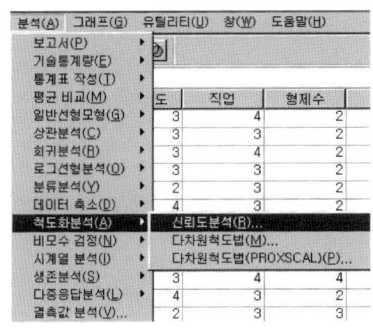

【단계 1】

• 분석 — 척도화 분석 — 신뢰도 분석을 차례대로 실행한다.

[그림5-1]

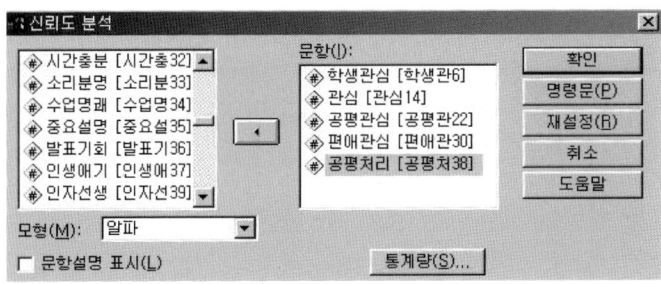

[그림5-2] 신뢰도 분석 대화상자

【단계 2】

• 분석하고자 하는 변수(6, 14, 22, 30, 38)를 왼쪽 창에서 선택하여 오른쪽 상자로 보낸다. 여기서 Model은 Alpha로 선택한다. 신뢰도에 대한 모형은 앞 절을 참고하세요.

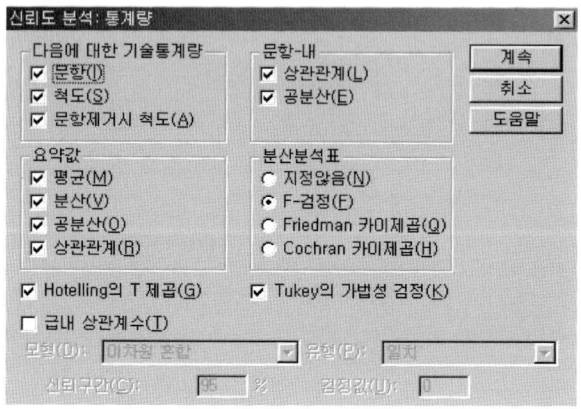

[그림5-3] 통계량 대화상자

【단계 3】

위의 그림은 통계량 버튼을 선택하면 나타난다.

• Descriptives for(기술 통계량)
  - Item(문항) : 항목 평균과 표준편차 — Scale(척도): 척도평균, 표준편
    차, 분산
  - Scale it item deleted(문항제거) : 해당 항목이 척도로부터 제외되는
    경우의 요약 통계량을 제시한다.
• Summaries(요약 통계량)
  - means(평균), variances(분산), covariances(공분산), correlation(상관
    관계)
• Inter-item(문항 내 관계)
  - correlation(상관관계) : 항목간의 상관관계 행렬
  - covariances(공분산) : 항목간의 공분산 행렬

- Anova table(분산분석)
  - F test(F 검정) : 반복되는 자료의 분산 분석표를 산출하고 F-검정으로서 유의도를 검정한다.
  - Friedman chi-square : 프리드먼의 카이스케어와 캔달의 부합치 계수, 변인이순위 자료인 경우 사용된다.
  - Cochran chi-square : Cochran의 Q. 데이터가 2가지 값만 갖는 경우 사용된다. Q통계는 분산 분석표에서 F 통계값을 대체한다.
- Hotelling T-square : 모든 항목들의 평균이 동일하다는 가정이 선행되어 검정한다.
- Tukey의 가법성 검정 : 항목간에 승법 상호작용의 유무를 검정한다.

5. 분석결과 해석

〈표5-1〉 기술 통계량

RELIABILITY ANALYSIS-SCALE (ALPHA)

		Mean	Std Dev	Cases
1.	학생관6	2.8666	.8519	847.0
2.	관심14	2.7296	.9447	847.0
3.	공평관22	2.7710	.8870	847.0
4.	편애관30	2.7591	.9282	847.0
5.	공평처38	2.7580	.8869	847.0

▶ 〈표5-1〉은 초등학생들이 인식하는 효율적인 교사의 수업행동을 측정하는 수업행동 변인인 6, 14, 22, 30, 38번 문항에 대한 평균, 표준편차가 제시되어있다. 변인 14번 차별대우 없이 모두에게 같은 관심을 보인다의 표준편차가 .9447로 가장 크게 제시되고 있다.

〈표5-2〉 Covariance Matrix : 공분산 행렬

	학생관6	관심14	공평관22	편애관30	공평처38
학생관6	.7257				
관심14	-.1626	.8925			
공평관22	-.0873	.2311	.7867		
편애관30	.0742	-.1231	.3360	.8615	
공평처38	-.1068	.2158	.6537	.4334	.7865

〈표5-3〉 Correlation Matrix : 상관 행렬

	학생관6	관심14	공평관22	편애관30	공평처38
학생관6	1.0000				
관심14	-.2020	1.0000			
공평관22	-.1156	.2758	1.0000		
편애관30	.0939	-.1404	.4081	1.0000	
공평처38	-.1414	.2576	.8311	.5265	1.0000

▶ <표5-2, 3>은 초등학생들이 인식하는 효율적인 교사의 수업
  행동을 측정하는 수업행동 변인인 6, 14, 22, 30, 38번 문항
  에 대한 상관과 공분산 행렬을 나타내고 있다. 전반적으로
  변수들간에 상관이 낮게 제시되고 있다.

〈표5-4〉 신뢰도 분석(Reliability analysis − SCALE(ALPHA)

N of Cases =847.0

Statistics for Scale	Mean (전체평균) 13.8843	Variance (분산) 6.9819	Std Dev (표준편차) 2.6423	N of Variables 5	
Item Means (항목평균)	Mean 2.7769	Minimum 2.7296	Maximum 2.8666	Range .1370	Max/Min 1.0502 Variance .0027
Item Variances (항목분산)	Mean .8106	Minimum .7257	Maximum .8925	Range .1669	Max/Min 1.2299 Variance .0044
Inter−item Covariances (항목간 공분산)	Mean .1464	Minimum −.1626	Maximum .6537	Range .8163	Max/Min −4.0207 Variance .0716
Inter−item Correlations (항목간 상관)	Mean .1794	Minimum −.2020	Maximum .8311	Range 1.0331	Max/Min −4.1136 Variance .1113

▶ 효율적인 교사의 수업행동을 측정하는 수업행동 변인인 6, 14,
22, 30, 38번 문항에 대한 전체 평균은 13.8이고 분산은 6.98,
표준편차는 2.64로 나타났다. 한 항목에 대한 평균은 2.77, 최
소 2.72, 최대 2.86, 범위는 .13.으로 나타났다. 항목분산의 평
균은 .81, 항목간 공분산의 평균은 .1464, 최소 -.1626, 최대 .6
537이고 항목간 상관의 평균은 .1794로 나타났다(표5-4 참조).

〈표5-5〉 전체 항목의 통계량(Item−total Statistics)

	①Scale Mean if Item Deleted	②Scale Variance if Item Deleted	③Corrected Item− Total Correlation	④Squared Multiple Correlation	⑤Alpha if Item Deleted
학생관6	11.0177	6.8212	−.1270	.0723	.6829
관심14	11.1547	5.7668	.0711	.1913	.6026
공평관22	11.1133	3.9280	.6448	.6952	.2246
편애관30	11.1251	4.6794	.3588	.3743	.4240
공평처38	11.1263	3.8032	.6916	.7457	.1882

▶ <표5-5>의 ①번 항목은 어떠한 특정 항목이 척도로부터 제
  외될 때 그 척도에 대한 평균값을 의미한다. 학생관6의 변수
  가 제외된다면 평균값이 11.0177이 됨을 의미한다.
  ②번 항목은 특정 항목이 제외될 때의 분산값을 의미한다.
  ③번 항목은 개별 한 항목의 점수와 나머지 항목의 전체 점
  수간의 피어슨 상관계수 값을 나타낸다. 편애관30번 변수는
  전체 점수와의 상관이 .3588을 나타낸다.
  ④번 항목은 회귀방정식으로부터 구해진 다중상관 관계의
  제곱(R^2)이다. 학생관6의 변수의 응답에서 다른 변수에 의해
  대략 7% 정도 관측 변량을 설명할 수 있음을 나타낸다.
  ⑤번 항목은 해당 항목을 제외할 경우의 알파 값을 의미한
  다. 예를 들어 학생관6 변인을 척도에서 제외할 경우 전체
  알파값이 .6829로 높아질 경우를 나타내고 있다. 여기서 전
  체 알파값이 .5244 이므로 이 변수를 제외하여 측정하는 것
  이 유리하다고 해석할 수 있겠다.

  신뢰도 분석에서 알파값이 클수록 좋은 것이다. 연구자는 ⑤번
항목에 대한 면밀한 분석을 통하여 신뢰도 계수를 올리려는 노력
을 하여야 할 것이다.

〈표5-6〉 분산분석(Analysis of Variance)

Source of Variation	Sum of Sq.	DF	Mean Square	F	Prob.
Between People	1181.3322	846	1.3964		
Within People	2256.8000	3388	.6661		
Between Measures	9.3058	4	2.3264	3.5029	.0074
Residual	2247.4942	3384	.6642		
Nonadditivity	83.1030	1	83.1030	129.8922	.0000
Balance	2164.3912	3383	.6398		
Total	3438.1322	4234	.8120		
Grand Mean	2.7769				

Tukey estimate of power to which observations
must be raised to achieve additivity   = 16.7118
Hotelling's T-Squared = 11.2735   F = 2.8084   Prob. =   .0247
  Degrees of Freedom: Numerator = 4   Denominator = 843

Reliability Coefficients   5 items
Alpha =.5244   Standardized item alpha =.5222

▶ <표5-6>은 효율적인 교사의 수업행동을 측정하는 수업행동
  변인인 6, 14, 22, 30, 38번 문항에 대한 분산분석의 결과이
  다. 이는 5개의 변수간에 차이 여부를 검정하기 위한 것으
  로 표본의 자유도(df)는 846(전체 표본 수-1)이며 변수간의
  자유도는 4(전체변수-1)이다. 여기서 F값이 3.5029 이며 **Pr
  ob** 값이 **.0074**(유의수준 5%에서 유의함)이다. 이는 변수간
  에 차이가 없다는 귀무 가설을 기각하여 변수간에 차이가
  있다는 것을 의미한다.
  Hotelling's T-Squared는 변수간의 평균이 동일한지 여부를
  검정하는 것으로 **F=2.8084, Prob = .0247**로 5%에서 유의한

것으로 드러나 항목간의 평균에 차이가 있음을 나타내고 있
다. 최종적으로 교사의 수업행동을 측정하는 수업행동 변인
인 6, 14, 22, 30, 38번 문항에 대한 신뢰도 계수는 .5244이
고, 표준화된 항목의 알파값은 .5222이다. 일반적으로 사회
과학에서 신뢰도 값이 .60 이상이면 신뢰도가 있다고 보며
전체 항목을 하나의 척도로 하여 분석할 수도 있다. 여기서
는 다소 낮은 신뢰도를 보이고 있다 하겠다.

6. 보고서 작성

연구보고서를 작성하기 전 단계로서 설문 문항에 대한 신뢰도
와 요인 분석을 일반적으로 실행한다. 요인별 타당도를 위한 신뢰
도 측정으로 교사의 수업행동을 측정하는 하위 변인으로 교사의
공정성 측면에서의 수업행동 변인 6, 14, 22, 30, 38번 변수에 대
한 신뢰도 분석 결과 <표5-7>과 같이 다소 약한 관련성과 신뢰가
(Cronbach α= .5244) 있는 것으로 드러났다.

<표5-7> 교사의 공정성에 대한 신뢰도 분석

요 인	설문 항목	신뢰도 계수 (Cronbach α)
교사의 공정성	공부 잘하는 학생에게 더 관심을 갖는다.	.5244
	차별 대우 없이 모두에게 같은 관심을 보인다.	
	모든 학생에게 고루 관심을 보이신다.	
	어떤 학생에게만 관심을 갖는다.	
	우리 선생님은 공평하게 일을 처리 하신다.	

제6부 요인분석
(factor analysis)

제6장 요인분석

1. 목적

　요인분석은 관측된 변수에 근거하여 직접 관측할 수 없는 요인들을 확인하기 위하여 실시한다. 요인분석은 관찰된 변수들에 대하여 선형관계(1차 식 관계)를 가지는 보다 적은 수의 잠재변수들로 요약하는 수학적 방법이다. 요인분석의 목적은 과학적 절약의 법칙 혹은 경제의 법칙을 추구하려는 것이다. 측정 변수들을 대표하거나 공통적인 요인을 추출하는 방법이다.

　일반적으로 자료의 양을 줄여 정보를 요약해야 하는 경우, 변수들 내에 존재하는 구조를 발견하려는 경우, 요인분석을 통해 얻어진 요인들을 회귀분석이나 판별분석, 군집분석 등에서 변수로 활용하려는 경우(요인을 가지고 회귀분석을 할 경우 다중 공선성의 문제를 다소 해결 할 수 있게 된다.), 요인으로 묶어지지 않는 중요도가 낮은 변수를 제거하려는 경우, 동일한 개념을 측정하는 변수들이 동일한 요인으로 묶여지는지를 확인하려는 경우(측정 도구의 타당성 검정)등의 목적으로 활용된다. 요인분석의 결과는 내용타당성, 구성타당도 중 수렴타당성, 판별타당성을 지지한다.

2. 원리

가. 요인분석의 개념

요인분석은 상관의 개념에서 출발한다. 변인1과 변인2 사이에 상관이 존재한다는 것은 변인 1과 2사이에 어떤 공통되는 부분이 존재한다는 의미이고 서로 공통되는 어떤 특성을 함께 측정하고 있다는 의미로 해석할 수 있다. 통상 이 '공통되는 특성'을 변인1과 변인2가 함께 측정하고 있는 '요인' 또는 '구인'이라고 한다. 두 변인의 상관이 .5이라는 결과가 나왔다면 이는 $(.5)^2 = .25$ 가 되며 두 변인사이의 공통변량이 25%임을 의미하고 이와 같이 공통으로 존재하는 변량의 부분을 요인분석에서 공통요인이라 한다.

여러 변인들간의 상관계수 행렬을 분석해 보면 변인들에 잠재한 요인의 구조를 짐작할 수 있다. 즉, 서로 높은 상관을 보이는 변인 군을 찾아낼 수 있고 이러한 방식으로 가장 기본적인 형태의 요인분석을 실시할 수 있다.

나. 요인분석에 적합한 자료

① 변수간에 높은 상관관계가 있어야 한다.
② 최초요인 추출 단계에서 얻은 고유치를 스크리 차트로 표시했을 때 한 군데 이상에서 꺾이는 곳이 있어야 한다.
③ 모상관 행렬이 단위행렬이라는 가설이 기각되어야 한다.
   (KMO and Bartleet's 검정)

다. 요인분석의 종류

1) 탐색적 요인분석(exploratory factor analysis)

많은 수의 관찰 변인들을 보다 적은 수의 구인으로 설명하고 압축하기 위한 것으로 이러한 목적으로 사용되는 요인분석을 탐색적 요인분석이라 한다. 탐색적 요인분석 과정은 다음과 같다.

① 수집된 모든 자료들에 대한 상관행렬을 구한다.
② 다양한 요인분석 방법(주성분분석, 주요인분석, 최대우도요인분석 등)의 적용
③ 요인의 추출과 초기 요인행렬을 구한다.
④ 보다 낳은 해석을 위하여 원래 요인 행렬들을 회전한다.
⑤ 사례에 대해 각 요인의 점수를 계산하고, 해석 및 활용한다.

(가) 주성분 분석(principal components analysis)
Hotelling(1933)이 개발한 방법으로, 이는 관찰된 각 변인의 변량에는 공통요인의 기여분만이 존재한다고 가정하는 모형이다. 이러한 공통요인이 성분(**component**)이다. 주성분 분석은 다음과 같은 성질을 가진다.
첫째, 각 변인의 변량에는 고유성, 즉 그 변인에만 기여하는 특수요인이나 오차분산이 전혀 포함되어 있지 않다고 가정한다.
둘째, 변인들의 상관행렬의 대각선 원소에 1이라는 값을 준다(원상관 행렬을 그대로 사용한다). 이는 각 변인이 완벽하고 신뢰롭게 측정되었을 때 존재할 수 있는 요인들의 변량을 최대로 추출한다는 의미를 담고있다.
셋째, 원상관 행렬을 분해하므로 변인간 상관은 요인형태 행렬에

의해 완전하게 재생되며 각 변인에 대한 공통성 또한 항상 1이 된다.

주성분분석에서 상관행렬이 정칙(nonsingular)이면 변인의 수만큼 계수가 존재하게 된다. 즉, 변인의 수만큼의 요인이 생성되게 된다. 그러나 탐색적 요인분석에서는 변인의 수보다 적은 수의 요인을 찾는 것이 목적이므로 요인을 모두 추출하지 않고 어떤 기준에 따라 몇 개의 요인만을 추출하는 방법이 동원된다. 요인의 수를 결정하기 위한 고유치는 일반적으로 1보다 큰 것을 기준으로 한다.

그러나 기본적으로 오차변량과 특수변량이 없다고 가정하고 있기 때문에 이러한 방법으로도 오차변량의 문제를 해결할 수는 없다. 이러한 문제를 해결하기 위해 고유요인의 변량과 오차변량을 허용하여 변인의 수보다 적은 수의 요인을 추출하는 공통 요인 분석 방법을 사용할 수 있다. 공통 요인 분석 방법 중 주로 사용되는 것이 주요인분석과 최대우도요인분석이 있다.

(나) 주요인분석

공통 요인 분석 방법은 상관행렬의 대각선 원소에 1 대신 다른 어떤 값을 투입하느냐를 제외하면 주성분분석의 절차와 대동 소이하다고 할 수 있다. 대각선 원소에 1이하의 값을 투입한다는 것은 결국 오차변량과 특수변량을 허용한다는 입장이고 변인의 수보다 적은 수의 공통요인을 가정하는 것이다. 특수분산이나 오차분산에 대한 사전적 지식이 전혀 없이 변수들 내에 있는 요인들을 찾아내는 목적으로는 공통요인(principal factor)분석을 하게 된다. 주요인분석에서는 상관행렬의 대각선원소에 공통성(h^2)의 초기 추정치를 대입한 다음 반복계산에 의해 최종적인 공통성 추정치를 계산하게 된다.

일반적으로 공통성의 초기 추정치로 상관행렬의 각 변인의 점수를 종속변인으로 하고 나머지 변인을 독립변인으로 한 중다 상관 자승(R^2) 값을 일반적으로 사용한다. 중다 상관자승을 대각선 원소에 투입한 상관행렬을 통해 요인을 추출하고 추출된 요인을 통해 h^2 을 다시 계산하여 초기 값으로 투입된 R^2 와 비교하고, 그 차이가 크면 h^2 을 대각선원소로 하여 다시 요인을 추출하여 h^2 을 계산하여 앞의 h^2 과 서로 비교한다. 이러한 과정을 수 차례 반복하여 전후 h^2 의 값이 무시할 수 있는 수준이 되었을 때 이를 최종적인 요인행렬로 본다. 주요인분석 방법으로 계산된 요인행렬을 통해 상관행렬을 보면 항상 원 상관 행렬보다 낮은 상관을 나타낸다. 이는 주성분분석이 고유요인을 가정하고 고유요인의 변량을 제외하고 분석되기 때문으로 원 상관 행렬과 재생된 상관행렬과의 차이는 결국 변인의 고유변량을 반영한다고 볼 수 있다.

(다) 최대우도 요인분석

최대우도 요인분석도 주성분분석과 마찬가지로 공통성 추정치를 상관행렬의 대각선 원소에 대입하여 공통요인을 추출하는 방식이다. 주성분분석이 표본상관 행렬에 있는 변량을 가장 많이 설명하는 요인을 추출한다는 논리에 바탕을 두고 있다면 최대우도 요인분석은 표본상관 행렬에서 요인을 추출할 때 각 요인이 모집단의 상관행렬에 있는 변량을 가능한 한 최대로 설명하도록 요인을 추출하는 방법이다. 따라서 최대우도 요인분석은 주성분분석과는 달리 추리통계에 적용되는 가설검정의 과정을 통해 유의한 공통요인의 수를 결정하기 위한 검정 통계치(χ^2)를 제공한다.

2) 확인적 요인분석(confirmatory factor analysis)

어떤 가설이나 모델을 가정하고, 실제로 관찰한 자료의 요인구조가 자신의 가설과 얼마나 일치하는지를 검증하려는 경우이다. 이러한 목적으로 사용되는 요인분석을 확인적 요인분석이라 한다. 대부분의 연구에서는 탐색적 요인분석이 사용되며, 확인적 요인분석은 구조방정식모형을 일반적으로 사용한다.

라. 요인분석 절차

1) 상관관계 계산

변수들간의 상관관계를 계산한다.

2) 요인을 추출할 모형을 결정한다.

요인추출모형으로 주성분분석, 공통요인분석, 최대우도법, 일반화 최소 자승법 등이 있다.

3) 요인 수 결정

① 고유치(eigen value)를 기준으로 하여 고유치가 1보다 큰 요인의 수를 말한다. 이는 요인이 설명할 수 있는 변수들의 분산 크기를 나타낸다. 각 변수의 분산의 합은 1을 넘지 못하기 때문에 고유치의 합은 분석 중인 변수의 개수를 넘지 못한다.

② 공유치(communality)는 요인분석에서 공통 요인들에 의해 설명되어지는 변수들의 분산 비율을 말한다. 변수에 대한 모

든 요인 적재량을 제곱하여 합한 것이 커뮤날리티이다.

③ 스크리 검정(scree test)는 스크리 도표에서 크게 꺾이는 곳을 요인수로 정한다.

4) 요인 부하량(Factor loading)

요인 부하량은 각 변수와 요인 사이의 상관관계 정도를 나타낸다. 각 변수는 요인 부하량이 가장 높은 요인에 속한다. 요인 부하량(적재량)의 일반적인 기준은 보통 ±0.3 이상이면 유의하다고 보지만 일반적으로 ±0.4 이상이다. 부하량의 유의성은 표본의 수, 변수의 수, 요인의 수 등에 따라 달라진다.

5) 요인회전 방식 결정

변수들이 여러 요인에 대해서 비슷한 요인 부하량을 나타낼 경우 요인회전을 실시한다. 직교회전(Orthogonal rotation)은 요인점수를 이용하여 회귀분석이나 판별분석을 할 경우 사용하며, 가장 많이 이용되는 것은 베리맥스(Varimax) 법이다. 직교회전은 서로 직각을 이루도록 하여 요인을 추출한다. 사교회전(Oblique rotation)은 요인간의 상관관계를 허용하는 기법으로 사회과학에서 주로 사용되어 진다.

6) 결과해석 방법

각 변수들의 요인들에 대한 요인 부하량을 점검하여 요인이 추출되면 어느 특정 요인에 함께 묶어진 변수들의 공통된 특성을 조사하여 이론적인 배경 하에 요인에 대한 이름을 부여한다. 여기서 요인에 대한 해석은 연구자의 주관적이고, 요인 추출이 의미가 있는가에 대한 해석도 연구자의 학문적 배경과 경험의 판단에 크게 의존한다.

마. 변량의 분할

어떤 변인 X의 변량, 즉 변인 X에 반영된 속성의 크기는 세 가지 종류의 변량 원에 의해 결정된다고 가정한다면, 연구에 포함된 일군의 변인들에 공통적으로 포함된 공통요인의 변량(communality), 특정 변인 X에만 존재하는 특수요인 변량, 오차변량이 그것이다. 이를 수식으로 나타내면 다음과 같다.

$$\sigma_x{}^2 = h^2 + s^2 + e^2 \quad \text{········ [수식-1]}$$
$$h^2 : \text{공통성(communality)}$$
$$s^2 + e^2 : \text{고유성(uniqueness)}$$

요인분석은 공통요인의 변량 h^2을 찾아내는 작업이라 할 수 있다. 공통요인은 하나가 아니라 여러 개 존재할 수 있다.

바. 요인형태행렬(pattern matrix)과 요인구조행렬(structure matrix)

k개의 공통요인을 가정하고, n개 변인의 점수를 k개의 공통요인의 선형결합으로 나타내면 다음과 같다.

$$z_1 = a_{11}F_1 + a_{12}F_2 + \cdots + a_{1k}F_k + a_1 U_1$$

$$z_2 = a_{21}F_1 + a_{22}F_2 + \cdots + a_{2k}F_k + a_2 U_2$$

$$\vdots$$

$$z_n = a_{n1}F_1 + a_{n2}F_2 + \cdots + a_{nk}F_k + a_n U_n$$

여기서, z_n(n=1, 2, $\cdots$, n)은 각 변인의 표준화된 점수, a_{nk}(n= 1, 2, $\cdots$, n, k=1, 2, $\cdots$, k)는 변인 n에 대한 요인 k의 부하량(가중치)를 나타내며, F_k는 요인점수를 나타낸다. 따라서 요인부하량은 피험자에 따라 변하지 않는 n×k의 값을 가지며, 여기서 요인점수는 각 개인이 요인에 대해 가지는 값으로 변인과는 독립적인 값이다.

요인형태행렬이란 이와 같은 선형모형에서 요인부하량으로 구성된 행렬을 지칭한다. 따라서 요인형태행렬은 (변인수×요인수)의 형태를 가진다. 또한 요인점수행렬은 (요인수×피험자수)의 형태를 가지게 된다.

일반적으로, (변인×변인)의 상관행렬을 분해하여 요인형태행렬을 만들게 되고, 역으로 요인형태행렬로부터 상관행렬을 재생할 수 있다. 요인구조행렬은 요인과 변인 사이의 상관을 나타내는 행렬을 말한다. 이는 위의 선형모형의 각 변인에 해당하는 요인을 곱하여 이를 모든 관찰치에 대해 더한 다음 사례수로 나누어 얻어질 수 있다. 예를 들어 변인 j와 요인 p의 상관은 다음과 같이 나타난다.

$$z_j = a_{j1}F_1 + a_{j2}F_2 + \cdots + a_{jp}F_p + \cdots + a_{jk}F_k + a_j U_j$$

$$z_j F_p = a_{j1}F_1 F_p + a_{j2}F_2 F_p + \cdots + a_{jp}F_p F_p + \cdots + a_{jk}F_k F_p + a_j U_j F_p$$

$$\frac{\Sigma z_j F_p}{N} = a_{j1}\frac{\Sigma F_1 F_p}{N} + a_{j2}\frac{\Sigma F_2 F_p}{N} + \cdots + a_{jp}\frac{\Sigma F_p F_p}{N} + \cdots + a_{jk}\frac{\Sigma F_k F_p}{N} + a_j\frac{\Sigma U_j F_p}{N}$$

(특수요인 U와 공통요인 F간에는 상관이 없고(0) 같은 요인간 에는 상관이 1이다)

$$r_{z_jF_p} = a_{j1}r_{F_1F_p} + a_{j2}r_{F_2F_p} + \cdots + a_{jp} + \cdots + a_{jk}r_{F_kF_p} \cdots\cdots [수식\ 2]$$

그런데, 공통요인들간에도 상관이 없다면 위 식의 우변에서 a_{jp} 를 제외한 모든 항이 '0'이 된다. 즉 공통요인간에 상관이 없는 경우 요인과 변인의 상관은 요인부하량과 동일해 진다.

요인구조행렬은 이와 같은 요인과 변인사이의 상관을 나타내는 행렬로 요인형태행렬과 마찬가지로 (변인수×요인수)의 형태를 가진다. 더불어 공통요인들간에 상관이 없는 경우 요인형태행렬과 요인유형행렬은 동일하다. 즉, 직교회전의 경우 요인형태행렬이 곧 요인유형행렬이지만 사교회전을 하는 경우 요인형태행렬과 요인구조행렬은 일반적으로 달라지게 된다.

사. 공통성(communality, 공유변량)과 고유성(uniqueness)

수식 2에 유형방정식 변인 j에 대한 개인 i의 점수로 다음과 같이 표현 할 수 있다.

$$z_{ji} = a_{j1}F_{1i} + a_{j2}F_{2i} + \cdots + a_{jk}F_{ki} + a_jU_{ji} \cdots\cdots [수식\ 3]$$

위 수식 3에서 변인 j의 변량을 수식 4와 같이 나타낼 수 있다.

$$\sigma_j^2 = \frac{\Sigma z_{ji}^2}{N} = a_{j1}^2 \Sigma \frac{F_{1i}^2}{N} + a_{j2}^2 \Sigma \frac{F_{2i}^2}{N} + \cdots + a_{jk}^2 \Sigma \frac{F_{ki}^2}{N} + a_j^2 \Sigma \frac{U_{ji}^2}{N}$$
$$+ 2\left(a_{ji}a_{j2} \Sigma \frac{F_{1i}F_{2i}}{N} + \cdots + a_{ji}a_{j2} \Sigma \frac{F_{ki}U_{ji}}{N} \right) \cdots [수식\ 4]$$

변인들이 표준화된다면, 모든 변인과 요인의 변량은 1이 된다. 요인들 사이에 상관이 없다면 위 식에서 ( )부분은 0이 된다. 따라서 위 수식 4는 다음의 수식 5로 정리할 수 있다.

$$\sigma_j^2 = a_{j1}^2 + a_{j2}^2 + \cdots + a_{jk}^2 + a_j^2 = 1 \ \cdots\cdots \ [수식\ 5]$$

아. 요인의 회전

상관행렬로부터 초기요인 행렬을 얻으면 여러 변인들에 부가된 요인 부하량이 잘 정리되지 않아 해석에 곤란한 경우가 발생한다. 이러한 경우 요인의 수와 공통성의 값을 고정시킨 상태에서 요인분석의 결과를 유의미하고 해석 가능한 형태로 변환시키기 위해 요인 축을 회전하게 된다. 요인 축을 회전하는 방법에는 직교회전(orthogonal rotation), 사교회전(oblique rotation)이 많이 활용되고 있다.

직교회전은 초기 요인 행렬의 축을 90°의 직각을 그대로 유지하면서 회전하는 방법이고, 사교회전은 90°를 유지하지 않고 축을 회전하는 방법이다. 직교회전의 경우에는 요인들간에 독립성이 유지되어 요인 해석이 자유롭다. 반면에, 사교회전의 경우에는 회전된 요인들간에 상관이 발생하므로(요인형태 행렬과 요인구조 행렬이 달라진다) 이들 요인을 독립된 요인으로 해석할 수 없으며, 이 경우 요인구조 행렬을 중심으로 요인에 대한 해석을 시도하여야 한다.

1) 직교회전 방법

① Quartimax : 한 변인을 설명하기 위해 필요한 요인을 최소화시킨다는 원칙에 따라서 요인을 회전시키는 방법이다. 각 변인에 대하여 변인의 공통성은 그대로 유지시키면서 k개의

요인중 단 하나의 요인에만 부하량이 최대가 되도록 회전시키는 방법이다.

② **Varimax** : 가장 널리 일반적으로 사용하는 방법으로서 요인 행렬의 열(요인)을 단순화시킨다는 원칙을 따른다. 한 요인에 대해 여러 개의 변인들이 높은 부하량을 보이고, 나머지 변인들은 낮은 부하량을 보이는 경우 높은 부하량을 보이는 요인들에 대하여 이를 해석하는 방법이 **Varimax** 회전이다.

③ **Equimax** : 적절한 가중치를 주어 **Quartimax**와 **Varimax**의 두 가지 원칙 모두를 동시에 만족하게 하는 방법이다.

2) 사교회전 방법

사교회전은 직교회전보다는 다소 약한 원칙 하에 요인 축을 회전시키는 방법이다. 사교회전에서는 요인간의 독립성을 요구하지 않고, 사교회전을 통해 생성되는 요인 행렬의 변인에 대하여 각 요인 부하량의 자승화는 공통성과 일치하지 않는다. 직교회전과 같이 요인을 인위적으로 직교로 만들 필요가 없는 보다 현실에 가까운 요인의 구조를 얻을 수 있다.

사교회전의 경우 요인사이에 상관이 발생하므로 요인의 해석에 있어서는 주의가 요망된다. 요인사이에 상관이 있다는 것은 이들 요인들이 어느 정도 공통된 고차적 요인을 측정하고 있을 것이라는 논리적인 가정을 필요로 한다. 이 경우 요인사이의 상관으로 이루어진 행렬을 기초로 다시 한번 요인분석을 실행할 필요가 있을 수 있다. 이를 통상 2차 요인분석이라 한다. 사교회전후 각 요인 부하량의 자승화는 공통성과 일치하지 않고, 요인의 요인 부하량의 자승화도 고유치와 동일하지 않다.

자. 용어 설명

① 고유치(Eigen value) : 각각의 요인으로 설명할 수 있는 변수들 분산의 총합으로 각 요인별로 모든 변수의 요인 부하량을 제곱하여 더한 값. 즉, 각 요인이 얼마나 많은 설명력을 갖고 있는지를 나타낸다.

② 공통 분산치(Communality) : 모든 요인들에 의해 설명되어질 수 있는 한 변수의 분산의 양을 백분율로 나타낸 것. 변수의 변량중 분산에 포함된 요인들에 의해 설명되는 비율이다.

③ 요인 부하량(Factor loading) : 변수와 요인간의 단순상관계수로서 어떤 요인들이 어떤 변수와 밀접한 관계를 갖고 있는지를 알려준다.

3. 연구상황

초등학생들이 지각하는 효율적인 교사의 수업행동을 측정하는 수업행동 변인[1]에 해당하는 문항 1(수업내용), 6(학생관심), 17(철저이해), 22(공평관심), 33(소리분명), 38(공평처리)이 있다. 이들 항목간의 상관관계에 의하여 몇 개의 개념으로 측정할 수 있는가? 즉, 6개의 변수들을 유사한 항목끼리 특성에 따라 보다 적은 몇 개의 요인으로 추출하여 보자.

---

[1] 2장의 데이터 안내에서 해당 문항을 한번 확인해 보세요.

4. 요인분석의 실행

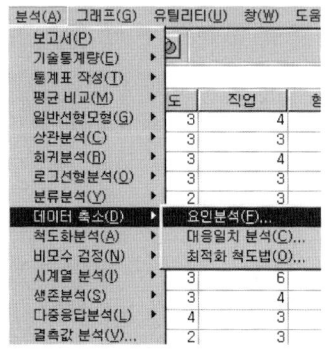

[그림6-1]

【단계 1】

• 분석 — 데이터 축소 — 요인분석
을 차례대로 실행한다.

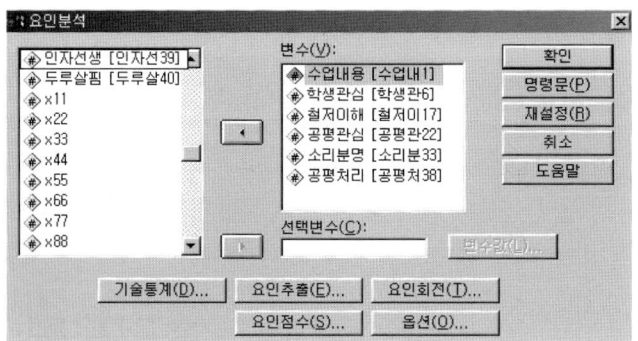

[그림6-2] 요인분석 대화상자

【단계 2】

• 왼쪽 상자에 있는 문항 1(수업내용), 6(학생관심), 17(철저이해), 22(공
평관심), 33(소리분명), 38(공평처리)을 오른쪽으로 선택하여 옮긴다.
아래의 대화상자에는 기술통계(descriptives), 요인추출(extraction), 요
인회전(rotation), 요인점수(scores), 옵션(options) 등이 있다.

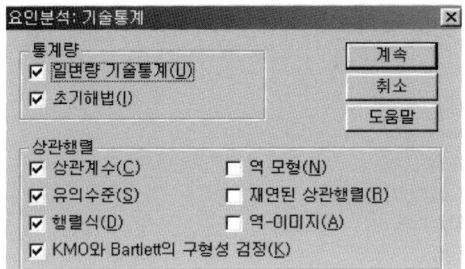

[그림6-3] 기술통계 대화상자

【단계 3】

요인분석 기술통계(descriptives) 옵션을 선택한다.

• univariate descriptives(일변량 기술통계) : 변수에 대한 평균, 표준편 차, 사례수 제시
• initial solution(초기 해법) : 초기의 커뮤날리티, 고유치, 설명된 분산의 비율이 제시된다.

 - correlation matrix
• 상관계수
• 역모형(inverse) : 역상관 관계 행렬과 공분산 행렬.
• 유의수준
• 재연된 상관행렬(reproduced) : 요인해에 추정된 상관관계 행렬을 제시.
• 행렬식(determinant) : 상관계수 행렬의 행렬식의 값을 제시한다.
• 역-이미지(anti-image) : 음의 편상관 계수와 음의 편분산을 제시한다. 척도가 낮은 변수는 요인분석에서 제외하는 것이 좋다.
• kmo and bartlett's test of sphericity : kaise-meyer-olkim 측도와 bartle tt의 구형성 검정치를 제시한다.

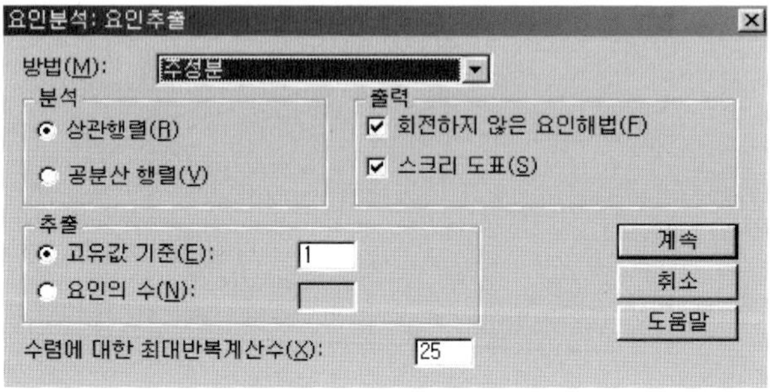

[그림6-4] 요인추출 대화상자

【단계 4】

요인 추출 대화 상자

- 방법 : 주성분 분석(기본 설정) - 분석 : 상관행렬
- 출력(display)
 • unrotated factor solution(회전하지 않은 요인해법)
 • scree plot(스크리 도표)
- maximum iterations for convergence: 안정된 요인을 얻기위한 계산의
 반복횟수(25번)

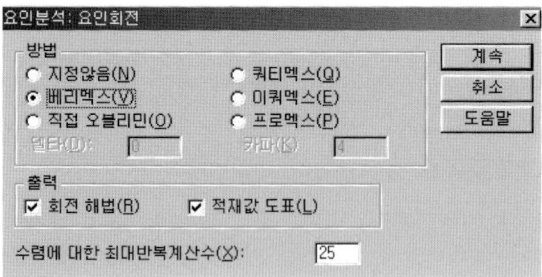

[그림6-5] 요인회전 대화상자

【단계 5】

• 요인회전 대화상자

- 방법 : varimax(가장 널리 사용 된다)

- 출력 : 회전해법(각 회전에 적합한 상관행렬의 상관관계 제시)

    적재 값 도표(loading plot) : 요인의 변수에 대한 적재치 그래프
    표시

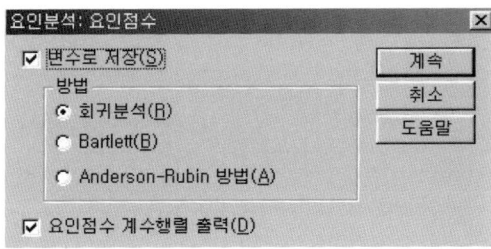

[그림6-6] 요인점수 대화상자

【단계 6】

• 요인 점수 대화상자에서 변수로 저장과 회귀분석을 선택하고 요인점수
계수행렬 출력에 체크를 하고 계속을 누른다.

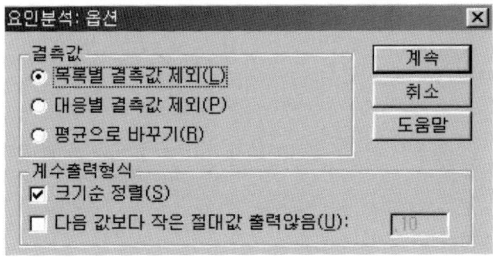

[그림6-7] 옵션 대화상자

【단계 7】

• 옵션 대화 상자에서 목록별 결측 값 제외를(변수에 대하여 데이터가 유효한 사례만을 사용하여 요인분석을 행한다), 계수출력 형식에서는 크기순 정렬(내림차순 정돈)을 선택하고 계속 버튼을 누른다.

5. 분석결과

〈표6-1〉 기술통계량

Descriptive Statistics

	Mean	Std. Deviation	Analysis N
수업내용	2.62	.77	844
학생관심	2.87	.85	844
철저이해	2.84	.80	844
공평관심	2.77	.89	844
소리분명	2.92	.89	844
공평처리	2.76	.89	844

▶ <표6-1>은 기술 통계량을 나타내고 있다. 무응답치를 포함한 케이스는 분석에서 제외되어 분석수가 844명을 나타내며, 6개 변수에 대한 평균, 표준편차를 제시하고 있다.

<표6-2> 상관행렬

Correlation Matrix [a]

		수업 내용	학생 관심	철저 이해	공평 관심	소리 분명	공평 처리
Correlation	수업내용	1.000	-.082	.425	.227	.442	.159
	학생관심	-.082	1.000	-.276	-.117	-.256	-.143
	철저이해	.425	-.276	1.000	.145	.480	.140
	공평관심	.227	-.117	.145	1.000	.213	.830
	소리분명	.442	-.256	.480	.213	1.000	.177
	공평처리	.159	-.143	.140	.830	.177	1.000
Sig.(1-tailed)	수업내용		.009	.000	.000	.000	.000
	학생관심	.009		.000	.000	.000	.000
	철저이해	.000	.000		.000	.000	.000
	공평관심	.000	.000	.000		.000	.000
	소리분명	.000	.000	.000	.000		.000
	공평처리	.000	.000	.000	.000	.000	

a. Determinant = .147

▶ <표6-2>는 변수간의 상관 관계 행렬을 나타내고 있다. 공평
  관심과 공평처리 변수간의 상관이 .830으로 강한 상관관계를
  보이고 있음을 살펴 볼 수 있다. 반면에 학생관심과 철저이
  해 등의 변수에 있어서는 그 상관이 음의 상관을 보이고 있
  음을 볼 수 있다.
  요인분석에 포함된 변수들이 모두 상관이 높거나 모두 낮은
  경우에는 요인분석에는 부적합하다는 것을 암시한다. 변수간
  에 적절한 높고 낮은 상관관계가 있어야 몇 개의 공통요인
  을 추출할 수 있다. 아래의 표는 단측 검정의 유의수준을
  나타낸 것이다. 통상 유의도 5% 기준으로 크면 상관계수를
  수용할 수 없음을 의미한다(변수간에 상관이 없다고 해석).

〈표6-3〉 KMO-Bartlett 검정

KMO and Bartlett's Test

Kaiser-Meyer-Olkin Measure of Sampling Adequacy.		.615
Bartlett's Test of Sphericity	Approx. Chi-Square	1612.666
	df	15
	Sig.	.000

▶ <표6-3>은 kaise-meyer-olkim(KMO) 측도는 변수 쌍들 간
의 상관관계가 다른 변수들에 의해 잘 설명되어지는 정도를
나타내며, 이 측도의 값이 적으면 요인분석에 대한 변수의
선정에 재고를 하여야 한다. 일반적으로 **KMO**의 값이 .60
이상이면 요인분석에 무리가 없는 것으로 판정한다. 여기서
는 .615로서 양호한 결과치를 보이고 있다.

요인분석 모형의 적합성에 대한 것으로 **Bartlett**의 유의 값
을 보면 .000으로 유의한 결과치로서 요인분석의 사용이 적
합하며, 공통요인이 존재한다고 해석할 수 있겠다.

〈표6-4〉 공통성

Communalities

	lnitial	Extraction
수업내용	1.000	.512
학생관심	1.000	.221
철저이해	1.000	.655
공평관심	1.000	.914
소리분명	1.000	.644
공평처리	1.000	.914

Extraction Method: Principal Component Analysis.

▶ <표6-4>는 주성분 분석에 의한 각 변수들의 커뮤날리티가

제시되어 있다. 수업내용의 커뮤날리티는 .512 이므로 이들
요인으로 51%가 설명된다고 해석할 수 있다. 여기서 커뮤날
리티가 낮은 변수는 요인분석에서 제외하는 것이 좋다. 학생
관심의 커뮤날리티가 .221로 부적합 한 것을 알 수 있다.

〈표6-5〉 설명된 총분산(Total Variance Explained)

Component	Initial Eigenvalues (초기 고유값)			Extraction Sums of Squared Loadings (추출 제곱합 적재 값)			Rotation Sums of Squared Loadings (회전 제곱합 적재 값)		
	Total	% of Variance	Cumulative %	Total	% of Variance	Cumulative %	Total	% of Variance	Cumulative %
1	2.406	40.108	40.108	2.406	40.108	40.108	2.028	33.799	33.799
2	1.454	24.232	64.340	1.454	24.232	64.340	1.832	30.541	64.340
3	.932	15.528	79.868						
4	.525	8.753	88.621						
5	.517	8.617	97.238						
6	.166	2.762	100.000						

Extraction Method: Principal Component Analysis.

▶ <표6-5>는 요인분석에 의해 추출된 2성분(요인)의 고유치는
각각 2.406, 1.454로 지정한 고유치 1 이상인 요인만 추출
되었다. 고유치는 그 요인이 설명하는 분산의 양을 나타내
며 이 값이 큰 요인이 중요한 요인이 된다고 할 수 있다.
내용의 명료성, 교사의 공정성 요인 등의 요인1은 40.1%,
요인2는 24.2%를 설명하고 전체 누적 설명량은 64.3%를
설명하고 있다.

〈표6-6〉 스크리 도표

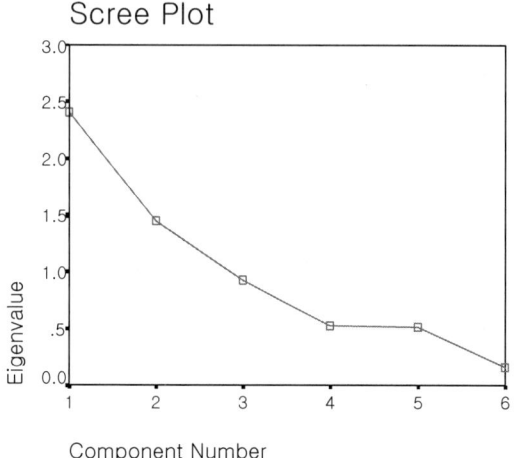

Scree Plot

Component Number

▶ <표6-6>의 스크리 도표는 6개의 요인을 고유치의 크기 순으
로 꺾은선 그래프로 그린 것이다. 요인 3에서 요인 6까지는
요인으로서 의미가 없다는 것을 알 수 있다(본 요인분석에
서는 2개의 요인으로 나타났다).

〈표6-7〉 성분행렬

Component Matrix [a]

	Component	
	1	2
공평관심	.706	.644
소리분명	.684	-.419
공평처리	.680	.672
철저이해	.644	-.491
수업내용	.624	-.350
학생관심	-.415	.220

Extraction Method: Principal Component Analysis

a. 2 components extracted.

▶ <표6-7>의 성분행렬을 보면 주성분 분석 방법을 통해서 2개
의 요인이 선정되었음을 나타내고 있다. 공평관심에 대한 요
인 적재치는 요인1, 요인2에서 각각 .706, .644로 나타났다.

<표6-8> 회전된 성분행렬

Rotated Component Matrix ^a

	Component	
	1	2
철저이해	.809	2.484E-02
소리분명	.795	.106
수업내용	.705	.122
학생관심	-.461	-9.13E-02
공평처리	.104	.950
공평관심	.142	.946

Extraction Method: Principal Component Analysis.
Rotation Method: Varimax with Kaiser Normalization.
 a. Rotation converged in 3 iterations.

▶ <표6-8>은 주성분 분석에 의해 요인이 추출되었으며, 배리
맥스 법에 의해 3차례의 반복 계산 후에 얻어진 회전 결과
가 제시되어 있다. 이러한 방법에 의해 6개의 변수는 2개의
요인으로 묶여졌음을 살펴 볼 수 있다.

6. 보고서 작성

초등학생들이 지각하는 효율적인 교사의 수업행동을 측정하는
수업행동 변인에 해당하는 문항 1(수업내용), 6(학생관심), 17(철
저이해), 22(공평관심), 33(소리분명), 38(공평처리)에 대한 요인분
석을 수행하였다. 요인 타당도는 요인분석을 통해 검증하였으며,

주요인분석(Principal Component Analysis)과 베리맥스(Varimax)
직교회전 방식을 활용하였다. 스크리 플릿(Scree Plot)을 검토한
결과 요인이 2개일 때 직선의 기울기가 완만해지기 시작하였으며,
이 때의 아이겐값(Eigen Value)은 1.5이었다. KMO(Kaiser-Meyer
-Olkin)의 MSA(Measure of Sampling Adequacy)는 .615로(5%)
요인분석 진행에 대한 유의한 값을 보여주고 있다. 추출된 2개의
요인 분석결과는 <표6-9>와 같다.

수업내용(문항 1), 철저이해(17), 소리분명(33) 변수는 내용의
명료성과 관련된 문항이며, 공평관심(22), 공평처리(38) 변수는 교
사의 공정성과 관련된 문항으로 구성되어 있다.

〈표6-9〉 교사의 수업행동에 대한 요인 분석 결과

변 수	요 인(Factor)		공유치
	내용의 명료성(F1)	교사의 공정성(F2)	
철저이해	.809	2.484E−02	.655
소리분명	.795	.106	.644
수업내용	.705	.122	.512
학생관심	−.461	−9.132E−02	.221
공평처리	.104	.950	.914
공평관심	.142	.946	.914
고유치	2.406	1.454	
분산율 (고유치/문항수)	40.1%	24.2%	

제7부 T-Test

제7장 T-Test 분석

1. T-test의 목적

T-검정이란 두 모집단의 평균의 차이 유무를 판단하는 통계적 검정 방법으로, 두 모집단의 평균간의 차이는 없다는 귀무가설과 두 모집단의 평균간에 차이가 있다는 대립가설 중에 하나를 선택하는 통계적인 검정 방법이다. 그리하여 "두 집단의 평균치 차이가 표본오차에 의한 것인지, 두 집단의 속성에 의한 것인지를 밝히는 통계적 가설검정 기법" 이다.

모든 통계적 검정 방법과 마찬가지로, T-검정은 귀무가설이 옳다는 가정 하에 두 모집단으로부터 추출된 표본들로부터 계산된 검정 통계량에 근거하여 귀무가설을 부정할 수 있는 상당한 근거를 보이면 귀무가설을 기각하고, 그렇지 않은 경우에는 귀무가설을 받아들이게 된다. 일반적으로 두 집단의 평균을 비교하는 분석 방법에는 크게 Z-검정과 T-검정으로 구분되는 데 Z-검정은 모집단의 분산을 알고 있는 경우 사용되고, 두 모집단의 분산을 알고 있는 경우는 통상 드물기 때문에 T-검정을 주로 사용하게 된다.

예를 들면 "학생의 성별(남녀별)에 따른 교사 효율성 인식에 차이가 있는가?"를 분석하고자 할 때 사용되는 기법이다. χ^2-검정은 해당 유목에 해당하는 사람이 몇 명인가를 조사하여 이들 사람수의 분포를 보는 기법인데 반하여 t-검정은 실제 데이터 자체

값의 크기를 분석하는 기법이라 할 수 있다. T-검정은 두 집단간의 평균의 차이가 통계적으로 유의한지를 파악할 때 이용하는 통계기법이다.

귀무가설의 가정 하에서 두 모집단의 표본평균(Sample mean)간의 차이는 표본오차(Sampling error)에서 기인한 것이라고 간주한다. 즉, 두 표본평균간의 차이가 표본을 잘못 추출한 데서 비롯된 것이라고 가정한다. 그런 후 T-검정 통계량을 계산하여 두 표본평균간의 차이가 귀무가설하에 있을 확률, 즉 표본오차로 인해 차이가 발생할 확률(유의확률; p-value)을 계산한다. 만약 계산된 확률이 귀무가설을 기각하기로 설정한 유의수준(통상 5%)과 같거나 적다면 귀무가설을 기각하고 대립가설을 채택하게 된다. T-검정은 두 모집단의 독립여부에 따라 "독립 2표본 T-검정"과 "대응 2표본 T-검정"으로 나누어진다. 연속적인 변수인 경우에는 정규성(Normality) 검정을 해야 하며 정규성을 따르는 경우에 한하여 t-검정을 행한다.

2. 원리

비교하고자 하는 두 변수가 같은 개체에서 나온 값이라면 "대응 2표본 T-검정"을 수행하고, 다른 개체에서 나온 값이라면 "독립 2표본 T-검정"을 수행한다.

가. 단일표본 t-검정

1) 정의

모수치를 추정하거나 가설을 검증할 목적으로 표본의 결과를 모집단에 일반화시키기 위해서는 표본을 조사하여 나타난 표본평균과 표준오차를 가지고 하나의 모집단 평균을 추정하여 검정하는 방법을 말한다.

2) 검정 통계량 t값을 구하는 방법

일반적으로 두 가지 방법이 있다. 모표준편차를 알고 있을 때와 모표준편차를 모르고 있을 경우이다. 여기서는 모표준편차를 알고 있지 못하다는 가정 하에서 검정통계량 t값을 구하는 검정을 살펴보기로 한다.

- 가설의 설정 (모표준편차 σ가 미지수 일 때)

  귀무가설 : $H_0 : \mu = \mu_0$

  대립가설 : $H_1 : \mu \neq \mu_0$(양측검정)

  $\qquad\qquad H_1 : \mu > \mu_0, \quad H_1 : \mu < \mu_0$ (단측검정)
- 유의수준의 설정 : 유의수준은 다음과 같이 세 가지로 나누어 사용한다.

  $\alpha = 0.01, \ \alpha = 0.05, \ \alpha = 0.1$
- 데이터의 수 : n
- 자유도(df) 산출 : 자유도(df) = n - 1
- 검정통계량 t값의 산출

$$t = \frac{(\bar{x} - \mu_0)}{\frac{s}{\sqrt{n}}}$$

- p값의 산출 : 유의수준과 비교할 확률 p값을 계산한다. p값은 자유도(df)의 t분포에 있어서 $|t|$ 이상의 값이 발생할 확률이다.
- 검정

  p값 ≤ 유의수준 α → 귀무가설 H_0를 기각한다.

  p값 > 유의수준 α → 귀무가설 H_0를 기각하지 않는다.

나. 독립표본 t-검정

1) 독립표본 t-검정의 정의

두 개의 독립된 집단을 대상으로 그 평균의 차이점을 알아내려는 경우에 사용된다. 일반적으로 비교 집단이 서로 독립적인 정규 모집단으로부터 추출된 것이라는 가정이 필요하다.

2) 검정통계량 t값을 구하는 방법

2개로 구분하여, 즉 등분산을 가정했을 때 와 등분산을 가정하지 않을 때의 검정방법이 있다.

- 가설의 설정 (등분산을 가정했을 때의 검정방법)

  귀무가설 : $H_0 : \mu = \mu_0$

  대립가설 : $H_1 : \mu \neq \mu_0$ (양측검정)

  $H_1 : \mu > \mu_0$, $H_1 : \mu < \mu_0$ (단측검정)

- 유의수준의 설정 : 유의수준은 다음과 같이 3개로 나누어 사용한다.

  $\alpha = 0.01, \quad \alpha = 0.05, \quad \alpha = 0.1$

- 공통분산 V의 산출

$$V = \frac{S_A + S_B}{df_A + df_B}$$

$S_A = A$그룹의편차제곱의합 $S_B = B$그룹의편차제곱의합

$n_A = A$그룹의데이터수 $n_B = B$그룹의데이터수

$df_A = n_A - 1$ $df_B = n_B - 1$

- 검정통계량 t값의 산출

$$t = \frac{(\overline{x_A} - \overline{x_B})}{\sqrt{V(\frac{1}{n_A} + \frac{1}{n_B})}}$$

- p값의 산출 : 유의수준과 비교할 확률 p값을 계산한다. p값은 자유도(df)의 t 값 분포에 있어서 $|t|$ 이상의 값이 발생할 확률을 의미한다.

- 검정

  p값 $\leq$ 유의수준 α → 귀무가설 H_0를 기각한다.

  p값 > 유의수준 α → 귀무가설 H_0를 기각하지 않는다.

- 가설의 설정 (등분산을 가정하지 않을 때의 검정방법)

  귀무가설 : $H_0: \mu = \mu_0$

  대립가설 : $H_1: \mu \neq \mu_0$ (양측검정)

                  $H_1: \mu > \mu_0$, $H_1: \mu < \mu_0$ (단측검정)

- 유의수준의 설정 : 유의수준은 다음과 같이 3가지로 나누어

사용한다.

$$\alpha = 0.01, \ \alpha = 0.05, \ \alpha = 0.1$$

• 공통분산 V의 산출

$$V = \frac{S_A + S_B}{df_A + df_B}$$

• 검정통계량 t값의 산출

$$t_0 = \frac{(\overline{x_A} - \overline{x_B})}{\sqrt{\dfrac{V_A}{n_A} + \dfrac{V_B}{n_B}}}$$

• 등가자유도의 산출

$$df^* = \frac{(\dfrac{V_A}{n_A} + \dfrac{V_B}{n_B})^2}{(\dfrac{V_A}{n_A})^2 \dfrac{1}{n_A - 1} + (\dfrac{V_B}{n_B})^2 \dfrac{1}{n_B - 1}}$$

• p값의 산출 : 유의수준과 비교할 확률 p값을 계산한다. p값은 자유도(df)의 t 값 분포에 있어서 $|t|$ 이상의 값이 발생할 확률을 의미하다.

• 검정

  p값 ≤ 유의수준 α → 귀무가설 H_0를 기각한다.

  p값 〉유의수준 α → 귀무가설 H_0를 기각하지 않는다.

다. 대응표본 t 검정

동일한 표본에서 두 변수간에 차이가 있는지를 서로 비교한다. 자료가 쌍으로 이루어진 경우 두 처리 효과간의 차에 대한 통계적 추정을 실시한다. 다음의 자료는 대응표본(paired sample)을 나타내고 있다.

대응표본 크기	1 2 3	n
처리1	X_1 X_2 X_3	X_n
처리2	Y_1 Y_2 Y_3	Y_n
두 처리의 차이	$X_1 - Y_1$ $X_2 - Y_2$ $X_3 - Y_3$	$X_n - Y_n$

두 개 자료 차의 평균이 0인지 아닌지를 검정한다.

$$D_i = X_{1i} - X_{2i,} \quad i = 1, 2, \ldots, n$$

• 가설 : $H_0 : \mu_D = 0$, $H_0 : \mu_D \neq 0$
• 차의 평균 δ 에 대한 가설검정

   $D_i = X_i - Y_i$, i=1, 2, ..., n 에 대한 평균과 표준편차가 다음과 같을 때

$$\overline{D} = \frac{\sum_{i=1}^{n} D_i}{n}, \qquad s_D = \sqrt{\sum_{i=1}^{n} \frac{(D_i - \overline{D})^2}{n-1}}$$

귀무가설 $H_0 : \delta = \delta_0$ 에 대한 검정통계량은 다음을 이용한다.

① 대표본: $Z = \dfrac{\overline{D} - \delta_0}{s_D / \sqrt{n}}$

② 소표본: $t = \dfrac{\overline{D} - \delta_0}{s_D / \sqrt{n}}$ 자유도 = **n - 1**

- 신뢰구간

$\overline{D} \pm t(n-1 ; \dfrac{\alpha}{2}) \dfrac{s_D}{\sqrt{n}}$

라. t-검정의 일반적인 절차

귀무가설 Ho: 두 집단의 평균값은 같다. ⇒	두 그룹의 분산이 동일하다는 가정 하에 검정통계량 t 값 계산 ⇒	두 그룹의 분산이 동일하지 않다는 가정하에 검정통계량 t 값 계산
두 그룹의 분산의 동일성검정을 위한 검정통계량 F 값 계산 ⇒	분산의 동일성 여부 검정에 따른 t 값의 선택 ⇒	t 값의 통계적 유의성 검정 및 결론

3. 연구상황

남, 여 초등학생들이 지각하는 교사의 수업지도 내용의 설명능력(18번 문항: 알아들을 수 있게 쉬운 말을 사용하신다.)에 대한 인식에 차이가 있는지를 독립표본 T- 검정을 통해 알아본다.

4. T-Test의 실행

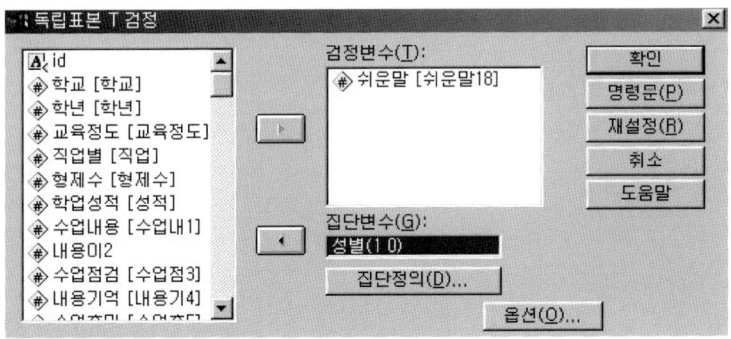

[그림7-1]

【단계 1】

• 분석 — 평균비교 — 독립 표본 T 검정을 차례대로 실행한다.

[그림7-2]

【단계 2】

• 왼쪽 상자의 18번 문항인 쉬운말 변수를 선택하여 검정변수 칸으로 옮긴다. 집단변수에는 성별을 선택하고 집단변수를 정의한다.

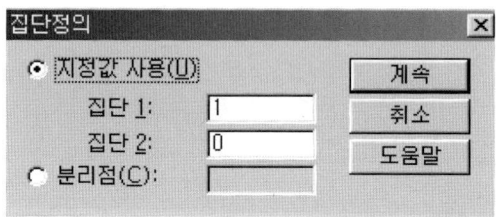

[그림7-3] 집단정의 대화상자

【단계 3】

• 여기서는 집단1에는 0(여자), 1(남자)로 지정하고 계속을 누른다.

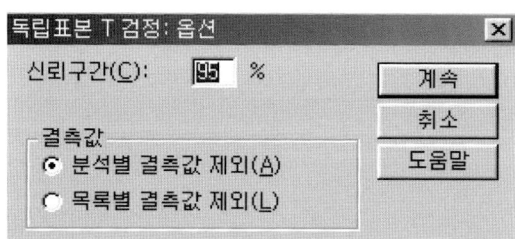

[그림7-4] 옵션 대화상자

【단계 4】

• 옵션 대화상자에서는 신뢰구간을 95%로 설정하고 무응답(결측)치를 지닌 케이스는 제외하도록 선택한 결과이다. 계속을 눌러 진행한다.

5. 분석결과

〈표7-1〉 집단 통계량

Group Statistics

성별		N	Mean	Std. Deviation	Std. Error Mean
쉬운말	여	312	2.95	.79	4.45E-02
	남	535	2.85	.79	3.42E-02

▶ <표7-1>은 성별에 따른 교사의 수업지도 내용의 설명능력 1
8번 문항 "알아들을 수 있게 쉬운 말을 사용하신다"의 인
식 차이를 검정한 결과이다. 남, 여에 대한 집단 통계량이
나타나 있다. 여자의 경우 총 312명, 평균은 2.95, 표준편차
.79 그리고 평균의 표준오차가 제시되어 있다.

〈표7-2〉 독립표본 검정(Independent Samples Test)

		Levene's Test for Equality of Variances (Levene의 등분산 검정)		t-test for Equality of Means (평균들의 동일성 t-검정)						
		F	Sig.	t	df	Sig. (2-tailed)	Mean Difference	Std. Error Difference	95% Confidence Interval of the Difference	
									Lower	Upper
쉬운말	Equal variances assumed (등분산 가정)	1.205	.273	1.723	845	.085	9.69E-02	5.62E-02	-1.35E-02	.21
	Equal variances not assumed (등분산 가정 안됨)			1.726	654.566	.085	9.69E-02	5.61E-02	-1.33E-02	.21

▶ T-검정을 위해선 우선 두 집단의 분산의 동질성 여부를 파악해야 한다. 분산의 동질성 여부는 Levene의 등분산 검정을 통한 F 값을 이용한다. 분석에서 두 집단의 모분산이 동질적일 때는 등분산이 가정됨을 이용하여 해석하고, 동질적이지 않을 경우엔 등분산이 가정되지 않음을 이용한다. 분산의 동질성 검정은 F 값으로 결정한다. 위 <표7-2>에서 F=1.205, 유의도(5%) .273으로 두 분산이 유의하지 못하여 등분산이 가정됨을 가지고 해석하게 된다. 반면에 유의할 경우는 등분산이 가정 안됨에 나타난 T 값을 가지고 해석하게 된다. 여기서는 등분산이 가정됨에 해당하는 T 값의 유의도를 가지고 해석하게 된다. T 값이 1.723 이고, 자유도 845 (전체 사례수 -2)에서 양측 검정의 유의 확률이 .085로 유의도 5%에서 무의미하므로 두 집단의 평균이 동일하다고 볼 수 있다. 따라서, 성별에 따른 교사의 수업지도 내용의 설명능력 18번 문항 "알아들을 수 있게 쉬운 말을 사용하신다"의 인식에는 남, 녀 학생간에 서로 차이가 없다.

6. 보고서 작성

성별에 따른 교사의 수업지도 내용의 설명능력 18번 문항 "알아들을 수 있게 쉬운 말을 사용하신다" 의 인식에 차이가 있는지를 유의도 5%에서 검정한 결과가 <표7-3>과 같이 제시되어 있다.

〈표7-3〉 성별에 따른 교사의 설명능력 인식의 차이 비교

종속변수	독립변수	평균	표준편차	T-값	유의수준
쉬운말	남	2.85	.79	1.723	.085
	여	2.95	.79		

* p<.05,   ** p<.01.

T 값이 1.723 이고, 유의 확률이 .085로 유의도 5%에서 무의
미하므로 두 집단의 평균이 동일하다고 볼 수 있다. 따라서, 성별
에 따른 교사의 수업지도 내용의 설명능력 18번 문항 "알아들을
수 있게 쉬운 말을 사용하신다" 의 인식에는 남, 여 학생간에 서
로 차이가 없는 것으로 나타났다.

제8부 교차 분석(Crosstabs)

제8장 교차분석

1. 목적

교차분석(Cross Tabulation)이란 두 가지 이상의 유목변인을 교차시켜 각각의 사례로 분할하여 그 빈도를 표시하는 것을 말한다. 교차분석은 범주형 변수인 명목자료나 서열자료의 변수간 상관관계인 독립성과 관련성을 분석할 때 이용한다. 교차분석은 일반적으로 분류하는 변수의 척도가 순위척도 이하인 변수에 대해서 분석하는 데 사용되며, 빈도분석은 하나의 변수에 대해 분석하는 경우 사용되고 교차분석은 2개 이상의 변수에 대한 빈도 수를 동시에 분석하는 기법이다.

2. 원리

가. 교차분석의 특징

- 관측빈도와 기대 빈도간의 차이를 측정한다.
- χ^2 값이 크면 관찰빈도와 기대빈도간의 차이가 크다는 것과 동시에 두 변수간의 상관관계가 크다(강하다)는 것을 의미한다.
- 교차 분석한 결과 각 셀의 수치는 관측빈도, 기대빈도, 행 백

분율, 열 백분율, 백분율 등으로 나타나며 여기서 열(row) 백
분율은 해석에 있어서 중요하다.

• χ^2 검증은 전체 사례 수가 20 이상이고, 기대빈도가 5이상이
바람직하다.

나. χ^2 검정

χ^2 의 독립성 검정은 두 분류 변수간의 통계적 독립성을 검정
하는 기법으로 범주별로 빈도만이 주어지는 자료의 분석은 일반
적으로 χ^2(chi-square)분포를 이용한 검정법이 이용된다.

단일기준에 의하여 구분된 표본자료	기본적 적합도 검정
	모집단의 분포에 대한 적합도 검정
복수기준에 의하여 구분된 표본자료	독립성 검정
	두 개 이상 모집단 분포의 동일성 검정

귀무가설 H_0: 두 변수가 상호 독립적이다. $p_{ij} = p_i \times p_j$

대립가설 H_a: 두 변수가 상호 독립적이 아니다. $p_{ij} \neq p_i \times p_j$

만약, 귀무가설이면 각 셀의 기대빈도는 $np_{ij} = np_i \times p_j$ 이 된다.

$p_i = O_i / n, \ p_j = O_j / n$ 이므로

기대빈도 E_{ij}= (i번째 행의 빈도수) × (j번째 열의 빈도수)/총 사
례수

또한 귀무가설이 사실이라면 관측 분할표는 기대 분할표와 거

의 같아야 할 것이며, 사실이 아니라면 관측 분할표는 기대 분할
표와 많은 차이가 있을 것이다. 이 차이를 측정하는 통계량이 Pea
rson이 제시한 χ^2이다.

$$\chi^2 = \sum_i \sum_j \frac{(O_{ij} - E_{ij})^2}{E_{ij}}$$

자유도: (r-1)(c-1), r = 행의 수, c = 열의 수
조건: 1. 다항분포에서 무작위 추출
2. 표본의 크기가 커야 한다.
3. 기대빈도수가 2미만인 셀이 없고 대부분 (전체
셀 수의 80% 이상)의 셀의 기대 빈도수가 5이
상일 것

- 우도비(Likelihood ratio) χ^2 : LR(G^2) = $2\sum_i \sum_j O_{ij} \ln \frac{O_{ij}}{E_{ij}}$
- 자유도(Degree of Freedom) =
  (행의 항목 수 - 1) × (열의 항목 수 - 1)
- 교차분석은 모든 cell의 기대빈도가 5이상이면 바람직하며,
  최소기대 빈도가 2이하이면 해석상 주의를 요한다. 이러한 경
  우에는 행이나 열의 수를 줄여 코딩 변경함으로써 기대빈도
  가 5 이상이 되도록 하거나 표본(변인)의 수를 많이 늘인다.

다. 적합도 검증

적합도 검증은 일원분류방법으로 단일변인, 단일표본 χ^2 검증
을 한다.

라. 독립성 검증

두 가지의 유목간에 관련성이 있느냐, 없느냐를 검증하기 때문에 독립성검증(변수간 상관분석)은 이원분류방법으로 부르며 두 개 이상의 변인을 교차시켜서 분석한다. χ^2의 독립성 검정은 두 변수 사이에 관계식이 존재하는지의 여부를 결정하는 데는 유용하지만 한 변수의 값을 기초로 다른 변수의 값을 추정하거나 예측할 수는 없다. 만약 두 개의 정량적 변수사이에 의존이 있는 것으로 결정되면 회귀분석 기법이 유용하다.

3. 연구상황

초등학생들의 형제 수에 따라서 효율적인 교사의 수업변인(2번) '수업이 끝난 후에 배운 것을 이해 할 수 있다' 와의 연관성을 분석하고자 한다. 즉, 학생들의 형제 수와 수업에 대한 지각과는 서로 독립적인지(관계없음), 서로 연관이 있는지를 알아보고자 한다.

4. 교차분석의 실행

【단계 1】

• 분석 ― 기술통계량 ― 교차
  분석을 차례대로 실행한다.

[그림8-1]

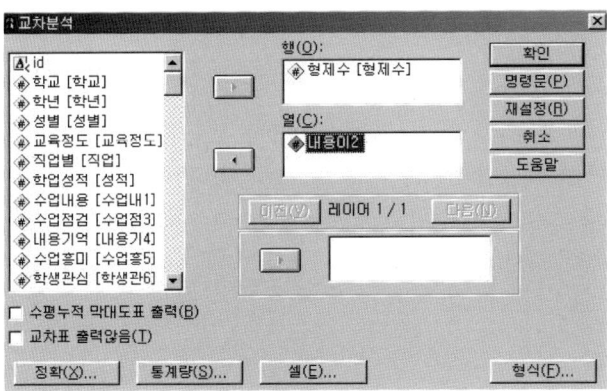

[그림8-2] 교차분석 대화상자

【단계 2】

• 왼쪽 상자에서 변수 형제 수를 선택하여 오른쪽의 Row(행: 독립변수)
  에, 교사 효율성 측정 변인 내용이2를 Column(열: 종속변수)에 위치시
  킨다.

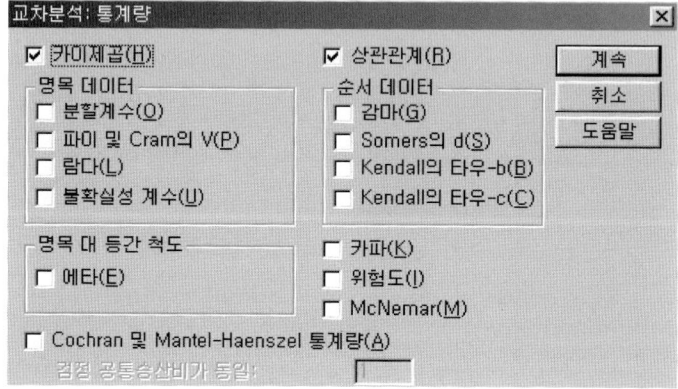

[그림8-3] 통계량 대화상자

【단계 3】

- 교차분석 통계량 : 카이 제곱과 상관관계만을 옵션으로 선택한다.
- Chi-square : 대응 변인간의 집단간 경향성을 보고
- Correlation : 두 대응 변인간의 상관 분석표를 제시한다.
- Nominal(명목척도) : 입력하는 변인들이 모두 순서나 숫자의 의미가 없는 자료를 대응변인으로 하며 분석하고자 할 경우 선택한다.
- Ordinal(서열척도) : 입력되는 변인들이 순서의 의미가 있는 자료들을 대응 변인으로 하여 분석하고자 할 경우에 선택한다.
- Nominal by interval(서열 대 등간척도) : 서열척도와 등간척도를 대응 변인으로 하여 분석하고자 할 경우 선택하며 '에타' 가 있다(2개의 에타 값이 계산된다).
- Kappa : 열과 행에 같은 범주가 있는 표를 검증하고자 할 경우 이용
- Risk : 상대적인 위험률(단, 2 * 2에서만 계산)
- Mcnemar : 관련된 두 가지 이분형 변수에 대한 비모수 검정으로 카이 제곱 분포를 사용하여 응답 변화를 확인한다.

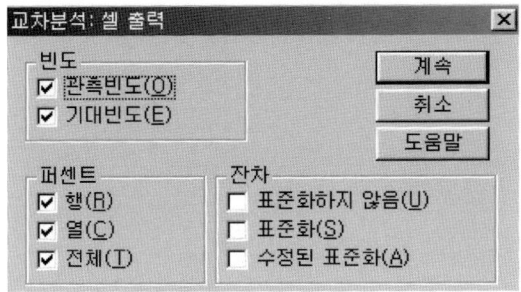

[그림8-4] 교차분석 셀 출력 대화상자

【단계 4】

교차분석 : 셀 출력

• Count(빈도)
  - 관측빈도 : 실제 관측된 사례의 빈도수(기본)
  - 기대빈도 : 기대 빈도수
• 퍼센트
  - 행 : 행의 합 백분율
  - 열 : 열의 합 백분율
  - 전체 : 각 셀 총합의 백분율
• 잔차
  - 비표준화 : 관측빈도에서 기대빈도를 뺀 값
  - 표준화 : 표준화 잔차
  - 수정된 표준화 : 조정된 표준화 잔차

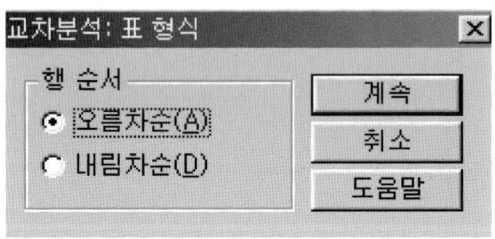

[그림8-5] 표 형식 대화상자

【단계 5】

교차분석 : 표 형식 지정

• 오름차순 : 변수 값이 낮은 값에서 높은 값으로 정렬

• 내림차순 : 변수 값이 높은 값에서 낮은 값으로 정렬

5. 분석결과

〈표8-1〉 케이스 처리 요약

Case Processing Summary

	Cases					
	Valid		Missing		Total	
	N	Percent	N	Percent	N	Percent
형제 수 * 내용이2	847	100.0%	0	.0%	847	100.0%

▶ <표8-1> 케이스 처리 요약은 교차분석에 동원된 전체 케이스는 847이며 결측치는 없음을 나타내고 있다.

〈표8-2〉 형제 수 * 내용이해(2번 문항) 교차표

형제 수 * 내용이2 Crosstabulation

		내용이2				Total
		전혀 그렇지 않다	그렇지 않다	그렇다	매우 그렇다	
형제 수 1명	Count	6	30	38	15	89
	Expected Count	3.9	28.4	48.7	8.1	89.0
	%Within 형제 수	6.7%	33.7%	42.7%	16.9%	100.0%
	%Within내용이2	16.2%	11.1%	8.2%	19.5%	10.5%
	% of Total	.7%	3.5%	4.5%	1.8%	10.5%
2명	Count	22	175	315	44	556
	Expected Count	24.3	177.2	303.9	50.5	556.0
	%Within 형제 수	4.0%	31.5%	56.7%	7.9%	100.0%
	%Within내용이2	59.5%	64.8%	68.0%	57.1%	65.6%
	% of Total	2.6%	20.7%	37.2%	5.2%	65.6%
3명	Count	6	47	67	13	133
	Expected Count	5.8	42.4	72.7	12.1	133.0
	%Within 형제 수	4.5%	35.3%	50.4%	9.8%	100.0%
	%Within내용이2	16.2%	17.4%	14.5%	16.9%	15.7%
	% of Total	.7%	5.5%	7.9%	1.5%	15.7%
4명이상	Count	3	18	43	5	69
	Expected Count	3.0	22.0	37.7	6.3	69.0
	%Within 형제 수	4.3%	26.1%	62.3%	7.2%	100.0%
	%Within내용이2	8.1%	6.7%	9.3%	6.5%	8.1%
	% of Total	.4%	2.1%	5.1%	.6%	8.1%
Total	Count	37	270	463	77	847
	Expected Count	37.0	270.0	463.0	77.0	847.0
	%Within 형제 수	4.4%	31.9%	54.7%	9.1%	100.0%
	%Within내용이2	100.0%	100.0%	100.0%	100.0%	100.0%
	% of Total	4.4%	31.9%	54.7%	9.1%	100.0%

▶ 위의 <표8-2> 교차표에는 형제 수에 대한 교사의 수업 내용 이해에 대한 숫자가 제시되어 있다. 형제 수 1명에 대한 내

용이해 중 '전혀 그렇지 않다'에 응답한 학생의 예를 중심으로 설명하기로 한다. count는 관측빈도, expected count는 기대빈도, % within 형제 수는 행 백분율, % within 내용이2 는 열 백분율을, % of total은 전체 백분율을 나타낸다. 여기서의 주요 관심은 열 백분율을 보아야 한다.

- count(관측빈도) : 형제 수 1명인 학생이 내용이2의 '전혀 그렇지 않다'에 응답한 37명에서 6명이 응답한 학생 수를 의미하며, 형제 수 1명인 전체 학생 89명중에서 '전혀 그렇지 않다'에 응답한 학생수가 6명임을 의미한다.
- % within 형제 수 (가로 백분율) : 형제 수 1명인 학생이 '전혀 그렇지 않다'에 답한 학생의 백분비, 즉 (6/89) × 100 = 6.7%
- % within 내용이2 (세로 백분율) : '전혀 그렇지 않다'에 응답한 37명중에서 6명이 형제 수 1명의 백분비, 즉 (6/37) × 100 = 16.2%
- % of total(전체 백분율) : 형제 수가 1명이면서 '전혀 그렇지 않다'에 응답한 학생의 백분비, 즉 (6/847) × 100 = 0.7% 임을 의미한다.

〈표8-3〉 카이제곱 검정

Chi-Square Tests

	Value	df	Asymp. Sig. (2-sided)
Pearson Chi-Square	13.713[a]	9	.133
Likelihood Ratio	12.609	9	.188
Linear-by-Linear Association	0.01	1	.980
N of Valid Cases	847		

a. 2 cells (12.5%) have expected count less than 5. The minimum expected count is 3.01.

▶ 피어슨 카이제곱 값이 13.713이고 자유도가 9일 때 점근 유
의확률값은 .133이다(표8-3참조). 이는 유의도 5% 수준에서
무의미하다. 따라서 두 변수 형제 수와 수업내용은 서로 독
립적이다. 즉 학생들의 형제 수에 따른 교사의 수업내용에
대한 이해 수준은 서로 관련이 없음을 의미한다. 2셀(12.5%)
이 5보다 작은 기대빈도를 가지는 셀이며, 최소 기대빈도는
3.01이다.

〈표8-4〉 대칭적 측도

Symmetric Measures

	Value	Asymp. Std. Errol[a]	Approx. T[b]	Approx. Sig.
Interval by Interval Pearson's R	.001	.036	.025	.980[c]
Ordinal by Ordinal Spearman Correlation	−.002	.036	−.063	.950[c]
N of Valid Cases	847			

a. Not assuming the null hypothesis.
b. Using the asymptotic standard error assuming the null hypothesis.
c. Based on normal approximation.

▶ 각 척도에 대한 **pearson** 및 **spearman**의 상관관계 값을 보여
주고 있다.
a : 영 가설을 가정하지 않음.
b : 영 가설을 가정하는 점근 표준오차 사용.
c : 정규 근사값 기초.

6. 보고서 작성

초등학생들의 형제 수에 따라서 효율적인 교사의 수업변인(2번) '수업이 끝난 후에 배운 것을 이해 할 수 있다' 와의 관계를 분석한 결과 서로 관련성이 없는 것으로 나타났다(표8-5참조).

〈표8-5〉 형제 수에 따른 수업내용 이해간의 교차분석(%)

		내용이해				계
		전혀 그렇지 않다	그렇지 않다	그렇다	매우 그렇다	
형제 수	1명	.7	3.5	4.5	1.8	10.5
	2명	2.6	20.7	37.2	5.2	65.6
	3명	.7	5.5	7.9	1.5	15.7
	4명	.4	2.1	5.1	.6	8.1
전체		4.4	31.9	54.7	9.1	100.0

pearson 카이제곱= 13.713 , DF=9 , P= .133

【참고 논문자료 1】

교육경력별 초등 영어 교육에 대한 인식의 차이 정도[2)]

〈표8-6〉 영어교육 인지도 실태 및 문제점 차이 분석

구분		경력 1~5년 미만	5~10년 미만	10년 이상	χ^2
실시학년	2학년부터	9(17)	7(13.2)	4(7.5)	1.294
	3학년부터	17(32.1)	13(24.5)	3(5.7)	
주당시수	적당	7(13.2)	5(9.4)	1(1.9)	2.806
	2시간	17(32.1)	15(28.3)	6(11.3)	
	더 늘려야	2(3.8)	·	·	
영어 담당동기	희망	6(11.3)	4(7.5)	·	6.449
	학교장배정	5(9.4)	2(3.8)	3(5.7)	
	영어연수	12(22.6)	9(17)	2(3.8)	
	지도경험	3(5.7)	5(9.4)	2(3.8)	
지도능력	약간부족	·	1(1.9)	1(1.9)	4.574
	보통	21(39.6)	15(28.3)	6(11.3)	
	만족	5(9.4)	4(7.5)	·	
부족한점	회화능력	12(22.6)	9(17)	1(1.9)	4.743
	발음억양	9(17)	1(1.9)	3(5.7)	
	교수기술	5(9.4)	2(3.8)	3(5.7)	

---

2) 안우환(2003). 초등학교 영어교육 개선 방안. 미간행 원고.

구분		경력 1~5년 미만	5~10년 미만	10년 이상	χ^2
능력배양	비디오	9(17)	9(17)	3(5.7)	.717
	지도서	11(20.8)	7(13.2)	3(5.7)	
	오디오	6(11.3)	4(7.5)	1(1.9)	
전담교사 필요성	꼭 필요	6(11.3)	4(7.5)	.	3.681
	그저그만	9(17)	9(17)	2(3.8)	
	전혀필요무	11(20.8)	7(13.2)	5(9.4)	
전담양성	교대심화	20(37.7)	17(32.1)	6(11.3)	.592
	사대전공	6(11.3)	3(5.7)	1(1.9)	

영어교육 인지도 실태 및 문제점 차이 분석에서 교육경력별로 인식에 차이가 없는 것으로 나타났다. 보다 구체적으로 살펴보면 영어 교육의 실시학년으로 3학년을 선호하는 경력이 다수이나, 경력 10년 이상인 교사들은 3학년이 3명, 2학년이 4명으로 응답을 하고 있다. 주당시수는 대체적으로 주당 2시간에 응답을 많이 하였고, 영어 교과 담당의 동기는 영어연수를 받았기 때문에 맡게 된다고 응답을 한 경우가 많이 나왔다. 전담교사의 필요성으로는 꼭 필요하다고 응답한 비율보다는 경력 5년 미만에서는 11명이 전혀 필요가 없음에 응답을 보이고 있다. 전담교사 양성 방법으로 교대에서 심화과정을 전반적으로 선호하는 것으로 드러났다.

【참고 논문자료 2】

교원의 교권에 대한 인식 수준 분석[3]

1. 교육내용, 교재선정, 교육방법 결정권

교원의 교육내용 편성·운영권에 대한 행사 수준을 전체적으로 보면, '전혀 또는 거의'가 51.9%, '대체로 또는 매우 많이'가 20.3%로 이에 대한 행사수준이 매우 낮은 것으로 나타났다(<표8-7> 참조).

근무처별로 보면, 중등교원보다 초등교원이 더 적게 행사하고 있고(초등 58.8%, 중등 48.2%), 설립별로는 사립학교(44.0%)보다 국공립학교(54.5%)가, 직위별로는 부장교사(37.0%)보다 평교사(57.1%)가, 성별로는 남교사(42.9%)보다 여교사(61.4%)가 교육과정 편성·운영권을 덜 행사하는 것으로 나타났으며, 설립별 차이를 제외한 나머지는 통계적으로 유의한 것으로 검증되었다.

---

3) 정진환·이영희(2001). 교원의 권리 행사 실태 분석. 한국교원과학회 18권 2호.

〈표8-7〉 교사의 교육내용 편성·운영권 행사 수준

단위: 명(%)

구 분		전혀	거의	보통정도	대체로	매우 많이	계	통계검증
근무처	초등	20(19.6)	40(39.2)	34(33.3)	7(6.9)	1(1.0)	102(100.0)	df=4 χ^2=17.805 p=0.001
	중고등	58(23.1)	63(25.1)	66(26.3)	59(23.5)	5(2.0)	251(100.0)	
설립별	국공립	64(23.4)	85(31.1)	76(27.8)	42(15.4)	6(2.2)	272(100.0)	df=4 χ^2=8.203 p=0.084
	사립	13(17.3)	20(26.7)	21(28.0)	21(28.0)	–	75(100.0)	
직위별	교장(감)	–	–	–	4(100.0)	–	4(100.0)	df=8 χ^2=30.106 p=0.001
	부장교사	15(17.9)	16(19.1)	29(34.5)	21(25.0)	3(3.6)	84(100.0)	
	교사	64(23.9)	89(33.2)	71(26.5)	41(15.3)	3(1.1)	268(100.0)	
성별	남	39(21.2)	40(21.7)	53(28.8)	47(25.5)	5(2.7)	184(100.0)	df=4 χ^2=20.557 p=0.001
	여	40(23.4)	65(38.0)	46(26.9)	19(11.1)	1(0.6)	171(100.0)	
	계	79(22.3)	105(29.6)	99(27.9)	66(18.6)	6(1.7)	355(100.0)	

제9부 상관관계 분석
(Correlation)

제9장 상관관계 분석

1. 상관관계의 의미

가. 상관계수

등간척도 이상의 두 변수 중에서 한 변수의 변화가 다른 변수의 변화에 따라 어떤 변화가 일어나는지를 보여주는 지표이다.

나. 상관관계

한 변수의 변화에 따른 다른 변수의 변화 정도와 방향을 예측하는 분석기법으로 양의 상관관계는 한 쪽이 증가하면 다른 쪽도 증가하는 경향이 있는 상관관계를 말하고(예를 들어: 키와 몸무게, 지능지수와 성적과의 관계 등), 음의 상관관계는 한 쪽이 증가하면 다른 쪽은 감소하는 경향이 있는 상관관계를 말한다. 상관표는 두 변량의 도수분포를 함께 나타낸 표를 일컫는다.

2. 목적

변수들간의 단순한 상관관계를 파악하는 기법으로 하나의 변수가 다른 변수와 어느 정도 밀접한 관련성을 갖고 변화하는지 알아보기 위해서 사용한다. 다만, 여기서 어느 한 변수가 다른 변수에 영향을 주는지의 여부는 가늠할 수 없다, 즉, 쌍방의 관계만 분석하려고 할 때 사용하는 기법이다.

3. 상관계수의 특징과 성격

① 변수간의 관계의 정도와 방향을 하나의 수치로 요약해 주는 지수이다.

② 상관계수는 -1.00에서 +1.00 사이에 값을 가진다. 두 변수가 직선 관계이면 상관계수는 ±1이 된다. 이런 경우를 완벽한 상관관계라 한다. 두 변수의 상관관계가 낮은 경우에는 그 분포가 원에 가까워지게 된다

③ 변수와의 방향은 (-)와 (+)로 표현한다. 양의 상관관계일 경우에는 (+)값이 나타나고, 음의 상관관계의 경우에는 (-)값이 나타난다. 양의 상관관계는 한 변수가 증가함에 따라 다른 변수도 증가하는 경우를 말하며, 음의 상관관계는 한 변수가 증가함에 따라 다른 변수는 감소하는 경우를 말한다.

④ 상관계수의 절대값이 높을수록 두 변수간의 관계가 높다고 말 할 수 있다.

⑤ ±0.4 ±0.7 정도이면 통상 상관관계가 있다고 본다.

상관관계의 성격은 다음과 같다.

첫째, 특별한 경우를 제외하면 상관관계는 대체로 음의 방향인지, 양의 방향인지 관계의 방향성이 포함되어 있다.

셋째, 상관관계의 계수는 두 변수 관계의 상관성에 대한 예측의 정확도를 나타내는 것이다.

넷째, 측정치가 아닌 하나의 지수이기 때문에 변수간 관계의 비율이나 백분율과는 다르다.

다섯째, 상관관계 분석은 연속형 데이터인 경우에 사용한다.

4. 상관관계의 종류와 원리

상관계수에는 Pearson상관계수, Spearman상관계수 등이 있다. <표9-1>은 척도에 따른 상관계수의 종류에 대하여 나타낸 것이고, <표9-2>는 상관관계의 종류를 나타낸 것이다.

상관관계의 원리는 일반적으로 산포도로 두 변수간의 다양한 관련성의 형태를 알 수 있다. 두 변수간에는 전혀 상관이 존재하지 않을 수도 있고, 변수간의 지수적 관계 즉, 하나의 변수가 증가하면 다른 하나의 변수 값도 증가하는 것을 나타낼 수 있다.

〈표9-1〉 상관관계의 척도

	비연속적 명목척도	연속적 명목척도	서열척도	등간, 비율척도
비연속적 명목척도	Phi계수, 유관계수, Lambda			
연속적 명목척도	Yule's Q	사분 상관계수		
서열척도	등위 양분 상관관계		Spearman의 서열상관계수, Kendall의 tau	
등간, 비율척도	Cramer's V, 양류 상관관계, 상관비(η)	양분 상관계수		Pearson 상관계수, 상관비(η)

〈표9-2〉 상관관계의 종류

단순 상관관계(simple correlation) : 두 변수간의 상관관계

$$X \longleftrightarrow Y$$

다중 상관관계 (multiple correlation) : 두 변수 이상의 상관관계

$$\begin{matrix} X1 \\ X2 \end{matrix} \longleftrightarrow Y$$

부분 상관관계 (partial correlation) : 다른 변수들의 상관관계를 통제한(다른 변수들과 같이 변화하는 부분을 제외한) 순수한 두 변수간의 상관관계

$$\begin{matrix} X \\ X1 \\ X2 \quad \text{통제} \end{matrix} \longleftrightarrow Y$$

상관관계에 자주 이용되는 척도는 피어슨 상관계수(Pearson correlation coefficient: r)이다. 두 변수간의 선형관련성의 정도를 나타내는 상관계수는 수식1에 의하여 구할 수 있다.

$$r = \frac{\sum[(Yi-Y)(Xi-X)]}{\sqrt{[\sum(Yi-Y)_2][\sum(Xi-X)_2]}} \quad \cdots\cdots \text{[수식-1]}$$

일반적으로 상관계수[1]가 같더라도 전혀 다른 관계를 가질 수 있기에 산포도를 이용하여 상관계수를 평가하는 좋다. 그리고 정규분포의 가정을 만족하지 못하는 데이터에 대해서는 스피어만의

---

1) 상관 관계의 강도를 나타내주는 것이 상관계수(r)이며 상관계수의 제곱(r^2)을 결정 계수(d)라 하며 이 결정계수(coefficient of determination)는 설명력 즉, 상관계수를 해석하는데 있어 효과적인 방법이다.

순위상관계수를 이용하는 것이 유용하다. 이러한 순위상관계수는
데이터의 순위에 기초를 둔 피어슨 상관계수이다.

5. 연구상황

A초등학교 학생의 교사에 대한 수업효율성 변인 중에서 X_{11}
(수업지도 내용의 명료성), X_{22}(수업지도 내용의 설명능력)이 남
녀간에 어떠한 관련성이 있는지를 단순상관관계를 통하여 살펴보
기로 하자.

6. 상관관계 분석의 실행

【단계 1】

• 분석 ― 상관분석 ― 이변량 상
관계수를 차례로 선택한다.

[그림9-1]

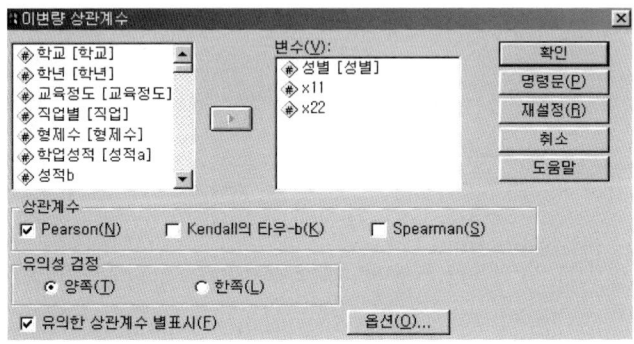

[그림9-2] 단순상관의 이변량 상관계수 대화상자

【단계 2】

• 변수칸에 성별, X11, X22 변수를 선택한다.
  - Pearson: 사각형의 상관계수 행렬을 보여준다.
  - Kendall의 타우-b : 순위상관계수로 낮은 삼각형 행렬에서 모든 다른 변수를 가진 각 변수의 상관관계를 나타낸다.
  - Spearman : 순위상관계수이다. 낮은 형태의 삼각형 행렬이 나타난다.
  - 유의성 양쪽 : 사례가 탐험적인 데이터 분석이어서 관련성의 방향이 미리 정해지지 않은 경우에 유용하다(기본설정).
  - 유의성 한쪽 : 짝을 형성하는 변수간의 관련성의 방향이 분석전에 명시될 때 적절하게 이용된다.
  - 유의한 상관계수 별표시 : 유의수준이 0.05에서는 하나의 별(＊)로, 0.01의 유의수준에서는 두 개의 별(＊＊)이 표시된다.

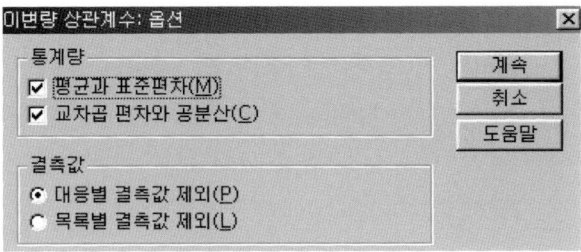

[그림9-3] 옵션 대화상자

【단계 3】

• 평균과 표준편차 ― 교차곱 편차와 공분산: 변수들의 쌍이 나타난다.
교차곱 편차는 변수의 수정된 평균의 곱의 합과 같다.

7. 분석결과

▶ <표9-1>은 성별, X11, X22 변수에 대한 평균 및 표준편차
가 나타나 있다. 성별의 평균은 .62이고 X11(수업지도 내용
의 명료성)의 평균은 2.79, X22(수업지도 내용의 설명능력)
의 평균은 2.72임을 알 수 있다.

<표9-1> 기술통계량

	평균	표준편차	N
성별	.62	.48	554
X11	2.7935	.5886	551
X22	2.7158	.4624	551

▶ <표9-2>는 성별과 X11, X22간의 상관관계를 나타내고 있
다. 성별과 X11과의 상관은 -.017이고 유의도는 .682로 나
타나 상관이 없는 것을 알 수 있고, 성별과 X22과의 상관은
-.085이고 유의도는 .046으로 유의도 5%에서 유의미한 상관
이 있는 것으로 나타나 있다. 더불어 X11, X22간의 상관은
유의도 1%에서 유의한 상관을 보이고 있다.

〈표9-2〉 상관계수

		성별	X11	X22
성별	Pearson 상관계수	1.000	-.017	-.085(*)
	유의확률 (양쪽)	.	.682	.046
	제곱합 및 교차곱	129.906	-2.739	-10.463
	공분산	.235	-4.981E-03	-1.902E-02
	N	554	551	551
X11	Pearson 상관계수	-.017	1.000	.720(**)
	유의확률 (양쪽)	.682	.	.000
	제곱합 및 교차곱	-2.739	190.536	107.817
	공분산	-4.981E-03	.346	.196
	N	551	551	551
X22	Pearson 상관계수	-.085(*)	.720(**)	1.000
	유의확률 (양쪽)	.046	.000	.
	제곱합 및 교차곱	-10.463	107.817	117.613
	공분산	-1.902E-02	.196	.214
	N	551	551	551

* 상관계수는 0.05 수준(양쪽)에서 유의합니다.
** 상관계수는 0.01 수준(양쪽)에서 유의합니다.

8. 보고서 작성

<표9-3>에 의하면 성별과 X11(내용의 명료성)과의 상관은 무의미하게 나타나 있다. 그러나 성별과 X22(내용의 설명능력)의 상관은 유의도 5%에서 음의 상관 관계를 보이고 있다. 이는 여자 학생이 남자 학생보다 교사의 설명능력과 보다 많이 관련되어진다는 것을 말해주고 있다[2].

〈표9-3〉 성별에 따른 교사 수업효율성 지각과의 상관관계

구 분	성 별	X11	X22
성 별	1.00		
X11	-.017	1.00	
X22	-.085*	.720**	1.00

---

2) 이러한 음의 상관 해석은 성별을 코딩 할 때 남자의 경우는 1, 여자의 경우는 0으로 입력하였기에 그러한 해석이 나오는 것이다.

【참고 논문자료 1】

청소년의 환경, 자아개념, 감각추구 동기, 및 가출충동간의 관계3)

1. 심리적 성장환경과 자아개념간의 관계

심리적 성장환경의 각 하위 점수와 다섯 가지 학업외적 자아개념간의 상관관계는 다음의 <표9-4>와 같았다.

〈표9-4〉 심리적 성장 환경과 자아개념 점수간의 상관계수

	학업 자아	신체적 자아	도덕적 자아	성격적 자아	가정적 자아	사회적 자아
전통고수	-.130	.012	-.096	.162*	-.015	.031
자유감	.065	.176**	.258*	.050	.163*	.088
성취지향	.061	.055	.176*	.056	.125	.197
의사소통	.023	.074	.155*	.014	.069	.178
상호 역할기대	-.115	.092	.073	.062	.102	.049
상호친밀	-.058	.021	-.009	-.032	.051	.029
변화지향	-.107	-.023	-.138	.131	.176**	-.034
집단응집력	-.031	.070	.127	.072	.204**	.109
물질지향	.032	-.070	-.029	.091	.137*	.108
사랑	-.019	.042	-.120	-.076	.145*	-.046
존경	-.082	.128	.067	-.016	.014	-.174
수용	.228**	.011	.138*	-.025	.098	.127

$* \ p < .05 \quad ** \ p < .01$

---

3) 박선희(1999). 청소년의 환경, 자아개념, 감각추구 동기, 및 가출충동간의 관계. 경남대 석사학위논문.

심리적 성장환경 중 학업관련 자아개념과 유의미한 상관관계를 지닌 것은 유일하게 가정의 수용적 분위기이었다, $r(118)=.228$, $p<.01$. 다음으로 학업외적 자아개념과 유의미한 상관이 나타난 것을 차례로 살펴보았다.

먼저 자유감은 신체적 자아, 도덕적 자아, 및 가정적 자아와 정적 상관이 있었다. 즉 자유로운 성장환경에서 자란 학생들이 자신의 신체에 대해 긍정적 자아개념을 지니고 있었고, 자신을 더 도덕적으로 지각하고 있었으며, 자신을 가정적인 사람으로 보고 있었다. 두 번째로 성취지향적인 환경에서 자란 학생일수록, 도덕적 자아와 사회적 자아 점수가 높았다. 세 번째로 변화지향적인 환경에서 자란 학생일수록, 도덕적 자아는 부정적이었으나 가정적 자아는 긍정적이었다. 이외에도 가족집단의 응집성과 물질적 풍요로움, 가족의 사랑 등은 학생들의 가정적 자아에 긍정적인 영향을 주는 것으로 나타났다.

마지막으로 수용적 환경에서 자란 학생일수록 자신을 도덕적으로 지각하고 있었다. 전체적으로는 심리적 환경과 개인의 학업외적 자아점수들간에는 낮은 상관을 보여주었고, 이는 심리적 환경이 예상보다 개인의 학업관련 자아뿐만 아니라 학업외적 자아에 큰 영향을 주지 않는 것으로 해석할 수 있다.

【참고 논문자료 2】

학생 정보격차에 대한 학교효과 분석[4]

　학생 정보격차의 각 영역별 점수의 상호관련성을 검증하기 위해 상관관계 분석을 실시한 결과, <표9-5>에 제시된 바와 같이 학생 정보격차의 하위 영역인 정보접근격차, 정보이용격차, 정보생산격차간에는 모두 통계적으로 유의미한 양의 상관관계를 보이는 것으로 나타났다.

〈표9-5〉 학생 정보격차 영역별 상관관계 분석

구 분	학생 정보격차	정보접근격차	정보이용격차	정보생산격차
학생 정보격차	1.00			
정보접근격차	.730**	1.00		
정보이용격차	.878**	.422**	1.00	
정보생산격차	.735**	.372**	.497**	1.00

$** \ p < .01$

---

4) 김민희(2003). 2003년도 한국교육행정학회 추계학술대회 자료집, 교육행정 정보화와 학교구조 개선.

제10부 분산분석(ANOVA)

제10장 분산분석

1. 분산분석의 개념과 목적

분산분석이란 명목척도로 측정된 독립변수와 등간 또는 비율척도로 측정된 종속변수 사이와 관계를 연구하는 통계기법이다. 분산분석은 둘 이상의 집단들간에 어떤 변수의 평균점수에 차이가 있는지를 검정하는 것으로 하나의 범주형 독립변수와 종속변수간의 관계를 분석하는 일원분산분석과 둘 이상의 독립변수들을 함께 고려했을 때 이들이 종속변수에 미치는 효과를 분석하는 이원분산분석으로 분류할 수 있다.

2. 원리

분산분석을 하기 위해서는 각 표본들이 정규집단으로부터 나온 것이며, 이들 각 모집단은 똑같은 분산(σ^2)을 갖는다는 것을 가정하고 있다. 여기서 충분한 정도의 표본 크기라면 정규성의 가정은 불필요하다. 분산분석은 다음과 같은 세 가지 단계로 분석이 진행된다.

첫째, 표본 평균간의 분산으로부터 모집단 분산의 첫 번째 추정치를 결정한다.

둘째, 표본내 분산으로부터 모집단 분산의 두 번째 추정치를 결정한다.

셋째, 두 추정치를 비교한다(유사한 값을 가지면 귀무가설이 채택된다).

일원분산분석은 통상 명목척도로 구성된 독립변수와 등간척도 이상으로 구성된 종속변수의 수가 각각 하나씩 있는 경우에 사용하는 분석 방법이다. 분산분석을 적용하기 전에 각 집단의 특성과 관련하여 다음과 같은 전제조건들이 충족되는지를 검토해야 한다.

첫째, 독립성. 각 집단은 서로 독립적이어야 한다.

둘째, 정규성. 각 집단은 정규분포를 이루어야 한다.

셋째, 불편성. 각 집단별 분산의 정도가 비슷해야 한다.

가. 표본 평균간의 분산과 F통계량의 계산

세 표본 평균간의 분산으로부터 모집단 분산에 대한 첫 번째 추정치를 구한다. 표본 분산의 계산은 다음 수식1을 이용한다.

$$s^2 = \frac{\sum(x - X)^2}{n - 1} \quad \cdots\cdots \text{[수식 1]}$$

단, s^2: 표본분산

F 비율은 모집단 분산에 대한 두 추정치를 비교함으로써 가능하다. 수식 2을 이용한다.

$$F = \frac{\text{표본평균간의분산에근거한모집단분산의첫번째추전치}}{\text{표본내분산에근거한모집단분산의두번째추정치}}$$

$$F = \frac{집단간분산}{집단내분산} \quad \cdots\cdots \text{[수식 2]}$$

모집단이 동일하지 않을 경우 집단간 분산은 집단내 분산보다 더 커질 경향이 있으며, F 값은 증가하는 경향이 있다. 이는 귀무가설[1](무의미)을 기각시킨다. 분산분석에서는 두 개 이상의 집단들의 평균값을 비교하기 위해 F값을 검정통계량으로 사용한다. 집단간의 차이를 구하기 위해 전체평균과 집단평균간의 차이와 집단평균과 개별 관찰치와의 차이로 구분하여 계산한다. 즉, (전체평균 - 개별 관찰값) = (전체평균-집단평균) +(집단평균 - 개별 관찰값)으로 계산한다.

총변량(SST) + 집단간 변량(SSB) = 집단 내 변량(SSW)

① 총변량(SST : sum of squares total)은 각 관찰 값들이 전체 표본의 평균들을 중심으로 얼마만큼 떨어져 있는가를 측정하는 것이다.

---

1) 가설은 크게 두 가지로 구분하는데, 연구과정에서 검정의 대상이 되는 가설을 귀무가설(null hypothesis)이라 하고, 귀무가설이 채택되지 않을 때 대신 채택되는 가설을 대립가설(alternative hypothesis)이라고 한다. 가설의 설정은 추후에 진위가 판명될 수 있는 조건이나 원리, 명제를 제시하는 것에 불과하다. 따라서 검정대상이 되었던 가설은 검정결과에 따라서 수정될 수 있으며, 또한 기각될 수도 있다. 일반적으로 귀무가설은 H_0로 표시하고 대립가설은 H_1 또는 HA로 표시한다. 여기서 한가지 유의해야 할 사항은 귀무가설은 실제 표본자료를 가지고 검정해야 하는 대상이고, 대립가설은 귀무가설이 채택되지 않을 때 자동적으로 받아들여지는 가설이므로, 실제로 검정이 불가능하거나 곤란한 가설을 대립가설로 설정하는 것이 바람직하다. 연구자가 가설로 설정하였던 모집단의 성격과 표본에서 계산된 통계량이 현저한 차이가 있는 경우에는 모집단에 대해 설정한 귀무가설을 기각하게 된다. 이 경우 모집단에서 설정한 가설을 채택 또는 기각하는 기준치를 통상 "임계치"라 한다.

② 집단간 변량(SSB : sum of squares between groups)은 독립변수에 의해 나누어진 각 집단의 평균이 전체표본 평균의 중심으로 얼마나 떨어져 있는가를 측정한다.

③ 집단 내 변량(SSW : sum of squares within groups)은 각 표본 집단 내 개별 관찰치들이 각 표본집단의 평균을 중심으로 어느 정도 떨어져 있는가를 측정하는 것이다.

집단간 변량과 집단 내 변량이 구해지면 이를 통해 집단간의 차이를 검정한다. 분산분석에서는 집단간 차이가 유의하기 위해서는 집단 내 변량은 가능한 적어야 하며 집단간 변량은 가능한 커야 한다. 이를 위해 분산분석에서는 집단간 분산치와 집단 내 분산치의 상대적인 비율을 나타내는 통계량을 이용하여 집단간 차이에 대한 검정을 실시한다.

3. 연구상황

A초등학교 학생의 형제 수에 따른 학업성취와의 차이를 검증하고자 한다2).

---

2) A초등학교 학생들만 대상으로 변량분석을 실행하기 위해선 A초등학교 학생 데이터만 선택해야 한다. 방법은 제 11장 4. 회귀분석의 실행의 가. 데이터의 선택을 참고하기 바란다.

4. 변량분석의 실행

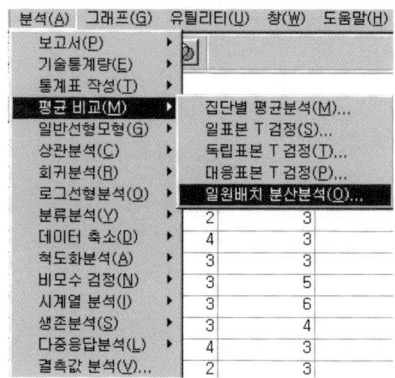

【단계 1】

• 분석 ― 평균비교-일원배치 분산분석을 선택한다.

[그림10-1]

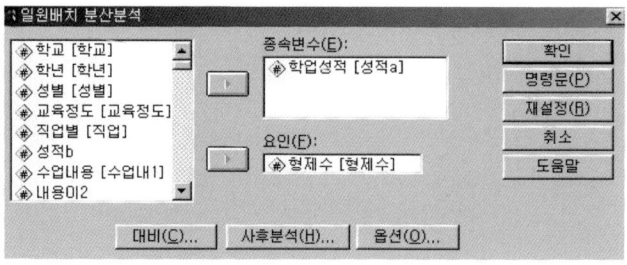

[그림10-2] 분산분석 대화상자

【단계 2】

• 요인에 형제 수, 종속변수에 성적을 선택한다.

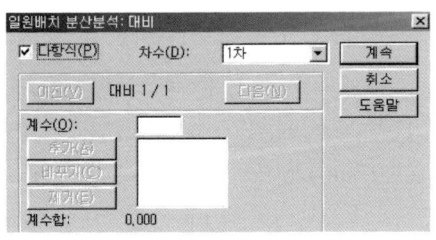

[그림10-3] 대비 대화상자

【단계 3】

• 그림과 같이 선택한다.
  - 다항식 : 집단간 자승
    합을 추세 성분으로
    분할한다(차수; 1, 2,
    3, 4, 5차 다항식).
  - 계수 : 사전 분석에서
    대비할 집단의 가중
    치를 가르킨다.

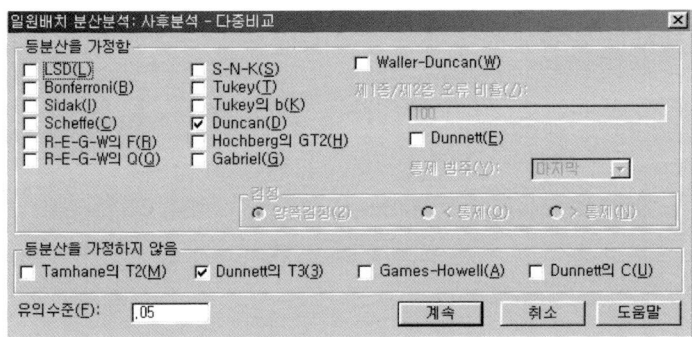

[그림10-4] 사후분석 다중비교 대화상자

【단계 4】

• 그림과 같이 선택한다.
  - 등분산을 가정함 : 집단간의 다중 비교를 실시한다. 여기서는 가장
    많이 사용되는 것만 설명한다.
  - Duncan : 던칸의 다중범위 검정
  - Scheffe : 평균의 대응비교에 대하여 부수적이며 다른 다중 비교 검정
    보다 유의도에 있어 평균간 더 큰 차이를 일반적으로 필요로 한다.
  - 등분산을 가정하지 않음 : Dunnett T3 선택

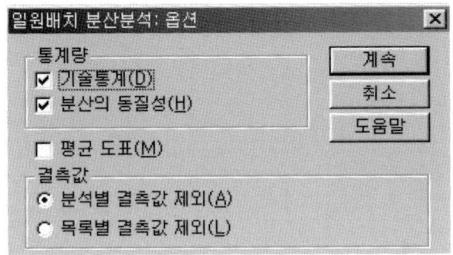

[그림10-5] 분산분석 옵션 대화상자

【단계 5】

- 기술통계 : 케이스 수, 평균 등 각 집단에 대한 각 종속변수의 95%의
  신뢰 구간을 계산한다.
- 분산의 동질성 : Levene 통계량을 계산한다.
- 결측 값 : 무응답치를 가진 케이스는 모든 분석에서 제외된다.

5. 분석결과

▶ <표10-1>은 기술통계량을 나타내고 있다. 각 집단의 케이스
   수, 평균, 표준편차, 표준오차, 최소 값, 최대 값, 각 집단의
   평균에 대한 95%의 신뢰구간을 보여주고 있다.

⟨표10-1⟩ 기술통계

	N	평균	표준편차	표준오차	평균에 대한 95% 신뢰구간		최소값	최대값
					하한값	상한값		
1명	59	63.41	25.36	3.30	56.80	70.01	0	88
2명	354	75.63	12.24	.65	74.35	76.91	3	94
3명	92	64.97	24.39	2.54	59.92	70.02	3	86
4명 이상	49	68.51	15.08	2.15	64.18	72.84	35	85
합계	554	71.93	17.50	.74	70.47	73.39	0	94

▶ <표10-2>는 모집단의 분산이 동일하다는 가설을 검정하는데
   사용되는 검정 방법으로 Levene 통계량의 확률이 .000으로
   유의도 1%에서 분산이 동일하지 않다는 사실을 알 수 있다
   (등분산이 가정되지 않음).

⟨표10-2⟩ 분산의 동질성에 대한 검정

Levene 통계량	자유도1	자유도2	유의확률
19.080	3	550	.000

▶ <표10-3>은 F 값이 16.740이고, 유의도가 .000이므로 학생
   의 형제 수에 따라 학업성적에 차이가 있다는 것을 알 수
   있다.

〈표10-3〉 분산분석

			제곱합	자유도	평균제곱	F	유의확률
집단-간	(조합됨)		14172.610	3	4724.203	**16.740**	**.000**
	선형항	가중되지 않음	61.659	1	61.659	.218	.640
		가중됨	707.286	1	707.286	2.506	.114
		편차	13465.324	2	6732.662	23.856	.000
집단-내			155219.644	550	282.218		
합계			169392.255	553			

▶ 일원변량분석으로 전체 집단간에 평균의 차이가 존재 할 때 등분산을 가정하지 않음으로써 Dunnett T3을 선택한 결과치를 나타내고 있다. 여기서 형제 수 1명과 2명, 2명과 3, 4명, 3명과 2명, 4명과 2명 간에 각각 유의한 차이가 있음을 알 수 있다.

〈표10-4〉 다중 비교

	(I) 형제수	(J) 형제수	평균차 (I-J)	표준 오차	유의 확률	95% 신뢰구간 하한값	상한값
Dunnett T3	1명	2명	-12.23(*)	2.36	.003	-21.35	-3.10
		3명	-1.56	2.80	.999	-12.70	9.58
		4명이상	-5.10	3.25	.729	-15.68	5.47
	2명	1명	12.23(*)	2.36	.003	3.10	21.35
		3명	10.67(*)	1.97	.001	3.63	17.70
		4명이상	7.12(*)	2.56	.015	1.00	13.25
	3명	1명	1.56	2.80	.999	-9.58	12.70
		2명	-10.67(*)	1.97	.001	-17.70	-3.63
		4명이상	-3.54	2.97	.868	-12.44	5.35
	4명이상	1명	5.10	3.25	.729	-5.47	15.68
		2명	-7.12(*)	2.56	.015	-13.25	-1.00
		3명	3.54	2.97	.868	-5.35	12.44

* .05 수준에서 평균차가 큽니다.

▶ <표10-5>는 동일 집단 군에 있는 집단에 대한 평균값이 제
시되어 있다.

〈표10-5〉 학업성적

	형제수	N	유의수준 = .05에 대한 부집단	
			1	2
Duncan(a,b)	1명	59	63.41	
	3명	92	64.97	
	4명이상	49	68.51	
	2명	354		75.63
	유의확률		.072	1.000

6. 보고서 작성

<표10-6>에 의하면 각 집단간에 의미 있는 차이(1%)가 있는
것으로 나타났다. 이를 보다 더 구체적으로 집단간의 차이를 알아
보기 위하여 유의수준 .05에서 Dunnett T3의 사후 검증을 실시하
였다. 형제 수 1명과 2명, 2명과 3명, 2명과 4명에서 유의한 차이
가 발생하였다.

〈표10-6〉 형제 수에 따른 평균점수의 일원변량분석

	제곱합	자유도	평균제곱	F	Dunnett T3 (사후검정)
집단간	14172.610	3	4724.203		1 * 2
집단내	155219.644	550	282.218	16.740**	2 * 3
전체	169392.255	553			2 * 4

【참고 논문자료 1】

주의력결핍 과잉행동성향을 갖는 아동과
일반아동의 수학문제 해결력 비교 연구[3].

1. 연구목적

본 연구는 ADHD아동의 집단과 일반아동 집단의 수학문제 해결력을 비교하고, 만약 차이가 나타난다면 그 차이는 어디에서 오는 것인지를 살펴보고자 한다. 또한 수학문제 해결력을 해결하는 데 중요한 변인으로 생각되는 지능요인을 통제했을 때 두 집단간의 수학문제 해결력의 차이도 알아보고자 한다. 덧붙여, ADHD성향을 갖는 아동들의 지능과 수학문제 해결력의 관계성을 살펴보고자 한다.

2. 집단간 수학문제해결 능력 비교

ADHD[4]성향을 갖는 아동과 정상 아동간에 수학문제해결 능력에 차이가 있는가를 알아보았다. 성별 변수가 의미가 없기 때문에

---

3) 강연미(2001). 주의력결핍 과잉행동성향을 갖는 아동과 일반아동의 수학문제 해결력 비교 연구. 고려대 석사학위논문.

4) 주의력결핍 과잉행동장애(attention deficit hyperactivity disorder)란 발달 수준에서 기대되는 정도를 벗어나는 부주의(inattention), 충동성(impulsivity), 과잉행동(hyperactivity)적인 양상을 보이는 경우를 말한다(American Psychiatric Association, 1994).

주의력 변수에 따른 일원분산분석을 하였다.

<표10-7> ADHD성향을 갖는 아동과 정상 아동의 수학문제
해결능력의 평균과 표준편차

집단	수학 능력	N	평균
ADHD성향을 갖는 아동	이해	18	5.27 (2.53)
	실행	18	7.83 (1.46)
	반성	18	5.33 (2.19)
정상 아동	이해	71	6.85 (1.83)
	실행	71	7.97 (1.18)
	반성	71	6.29 (1.95)

( )는 표준편차

먼저 수학문제 해결력의 하위 능력 중 이해 능력을 비교하면 다음과 같다.

<표10-8> 이해 능력 비교

변산원	DF	SS	MS	F	P
집단	1	35.90	35.90	9.02	0.0035**
오차	87	346.20	3.97		
전체	88	382.11			

**p<.01

ADHD성향을 갖는 아동 집단과 정상 아동 집단간에 수학문제 해결능력(이해 능력)에서 유의미한 차이를 보였다[$F(1, 87)=9.02$, p<.01]. 정상 아동들이 ADHD성향을 갖는 아동들에 비해 이해 능력에서 더 높은 점수를 받았다.

3. 지능 통제시 집단간 수학문제 해결력 비교

지능을 통제한 조건에서 ADHD성향을 갖는 아동과 정상 아동 간에 수학문제 해결능력에 차이가 있는가를 알아보았다. 지능을 통제했을 때 집단간 수학문제 해결력의 차이를 알아보기 위해 공변량 분석을 한 결과는 <표10-9>과 같다.

〈표10-9〉 이해 능력

변산원	DF	SS	MS	F	P
집단	1	14.41	14.41	4.28	0.04
지능	1	56.32	56.32	16.71	0.00
오차	86	289.87	3.37		
전체	88	382.11			

**p<.01

지능을 공변인으로 삼아서 변량분석을 실시한 결과에서도 ADHD성향을 갖는 아동 집단과 정상 아동 집단간에 수학문제 해결능력(이해 능력)에서 유의미한 차이를 보였다[F(1, 86)=4.28, p<.05]. 조정된 평균을 보면 정상 아동(M=6.74)들이 ADHD성향을 갖는 아동(M=5.71)들에 비해 이해 능력에서 더 높은 점수를 받았다.

【참고 논문자료 2】

6학년 아동의 식습관과 성격특성 및
학업성적과의 관계5)

1. 연구목적

본 연구는 식습관과 성격특성 및 학업성적간의 관계에 대하여 알아보고자 하였다. 즉, 아침식사 여부와 성격특성과 학습능력간의 관계를 규명하고자 하였으며, 개인의 식품선호와 성격특성 및 학업성적과의 관계를 알아보고자 하였다. 따라서 후천적으로 형성되는 식습관의 태도를 올바르게 변화시켜 바람직한 성격과 올바른 학습능력을 향상시킬 수 있을지의 가능성을 모색하고자 하는데 그 목적이 있다.

남·여별 아침식사의 수준에 따라 통계적 차이가 있는지를 알아보기 위해 변량분석을 하였는데 그 결과는 <표10-10>와 같다.

〈표10-10〉 남·여별 아침식사 변량분석

변량원		자승의 합	자유도	자승의 평균	F	p
집단간	성별	16.71	1	16.71	.96	.33
	오차	6637.29	382	17.38		
	전체	3839.01	383			

---

5) 김석조(2000). 6학년 아동의 식습관과 성격특성 및 학업성적과의 관계. 경남대학교 석사논문.

위의 <표10-10>에 의하면 남·여별 아침식사 횟수는 평균상의 약간의 차이가 보이지만 통계적으로는 유의미한 차이가 없었다. F (1, 382) = .96, ns. 성별에 따른 식품선호도 간에 이원 변량 분석한 결과는 <표10-11>과 같다.

⟨표10-11⟩ 성별과 식품선호도에 따른 이원변량분석 요약표

	변량원	자승의 합	자유도	자승의 평균	F	p
집단간	성별	10	1	10	19.39	.00
	오차	197.06	382	.52		
집단내	식품군	52.50	5	10.50	58.74	.00
	식품군 * 성별	3.65	5	.73	4.08	.00
	오차	341.40	1910	.18		

위의 <표10-11>의 주요 결과로는 먼저 남아의 식품선호(M= 1.47)가 여아의 식품선호 (M= 1.33)보다 통계적으로 유의미하게 높았다. F(1, 382) = 19.39, p< .001. 또한 여섯 가지 식품군에 대한 식품선호도의 차이도 통계적으로 유의미했다. F(5, 1910)=58.74, p< .001. 즉 성별에 따른 식품선호도간의 변량분석표에 의하면 남아는 여아보다 편식하지 않고 음식을 골고루 좋아하고 특히 단백질, 칼슘, 음료를 선호하는 것으로 나타났다. 두 번째로는 식품군과 성별의 상호작용 효과가 유의미했다. F(5, 1910) = 4.08, p< .001.

제11부 회귀분석(Regression)

제11장 회귀분석

1. 회귀분석의 개념과 목적

회귀라는 말의 기원은 Galton이 처음으로 사용한 것으로 Pearson은 아버지의 신장 x와 아들의 신장 y와의 관계식은 45°의 기울기보다 경사가 작은 직선을 형성한다는 것에 착안하여 1,078가족의 부자간 신장에 관한 기록을 수집하여 아버지의 신장 x를 독립변수로 하고, 아들의 신장 y를 종속변수(단위는 인치)로 하여 $\hat{y} = 33.73 + 0.516x$ 와 같은 선형관계식을 구하였다. 이 직선은 x와 y의 평균치($\overline{x}$, $\overline{y}$)를 지나므로, 결국 아들의 신장은 인간 전체의 평균 신장에 회귀하려는 경향이 있다는 것이다.

위와 같은 함수관계를 회귀(regression)라는 용어로 처음 표현한 사람이 Galton이고, 이를 계량적으로 분석한 사람이 Pearson이었다. 이러한 신장의 회귀관계를 나타내는 직선을 회귀직선이라 불렀고 회귀직선을 구하는 분석을 회귀분석이라 불렀다.

상관관계는 상관계수를 이용하여 두 변수들간의 관계의 정도는 파악할 수 있지만 변수들간의 정확한 영향 관계의 정도 파악은 어렵다. 통상 하나 또는 둘 이상의 변수들이 다른 하나의 변수에 미치는 영향의 정도와 방향을 파악하고, 독립변수(independent variable; 영향을 주는 변수)의 변화에 따라 종속변수(dependent variable; 영향을 받는 변수)에 어떠한 변화가 있는지를 분석하기 위하여 회귀분석이 동원된다.

종속변수의 변화는 독립변수의 변화로 설명될 수 있다는 의미에서 독립변수를 설명변수, 종속변수를 피설명변수라고도 한다. 상품의 가격과 그 상품에 대한 수요의 관계를 알아보고자 할 때 상품가격이 수요에 영향을 미치는 것으로 본다면 상품의 가격은 독립변수가 되며, 상품의 수요는 종속변수가 된다. 마찬가지로 근속년수가 월급액 결정에 미치는 영향력을 알고자 한다면 월급액은 종속변수가 되고, 근속년수는 독립변수가 된다.

여러 변수의 관계를 분석하는 데 사용되는 통계적 분석방법에는 회귀분석과 상관관계분석이 있다. 회귀분석(regression analysis)이란 독립변수가 종속변수에 미치는 영향력의 크기를 측정하여 독립변수의 일정한 값에 대응되는 종속변수의 값을 예측하기 위한 방법을 말한다. 그리고 상관관계분석(correlation analysis)은 변수들간의 관계의 강도(strength), 즉 얼마나 밀접하게 관련되어 있는가를 분석하는 것을 말한다. 함수관계와 상관관계를 엄밀히 구별해 보면 함수관계는 어떤 변량 y가 다른 변량 x에 의하여 정확히 일정하게 결정되나 상관관계는 일정하게 정해지는 것이 아니고 평균적으로 어떤 폭을 가지고 정해짐을 의미한다.

회귀분석은 독립변수들의 개수에 따라 단순회귀분석과 다중회귀분석으로 나뉜다. 선형회귀분석에서는 절편과 기울기에 대한 추정치, 적합도, 유의성 검정과 예측 등을 다룬다. 회귀분석의 목적은 다음과 같다.

첫째, 독립변수와 종속변수의 관계를 파악할 수 있다.

둘째, 종속변수에 영향을 미치는 독립변수들을 파악할 수 있다.

셋째, 종속변수의 변화를 예측할 수 있다.

2. 원리

회귀분석은 독립변수들과 종속변수가 선형의 관계에 있다고 가정하고 종속변수를 예측 할 수 있는 선형회귀방정식을 도출하는 데 있다. 적합한 회귀방정식을 추정하는 방법은 최소자승법(method of least squares)을 이용하여 종속변수의 실제 관측치와 회귀방정식으로 추정된 값의 차이의 제곱의 합을 최소화시킨다. 여기서, 최소자승법은 잔차들의 제곱의 합을 최소화시키도록 하는 회귀식을 구하는데 이용되는 방법이다.

회귀분석에 적합한 자료로 독립변수는 간격척도, 비율척도에 대한 측정이 적합하다. 그러나 명목척도로 측정하는 독립변수의 경우를 더미변수(0이나 1로 코딩)라 한다. 종속변수는 간격척도, 비율척도가 적합하다.

가. 회귀 모형의 가정

회귀분석에서는 다음의 가정들이 만족되어야 한다.

첫째, 선형성. 독립변수와 종속변수간의 관계는 선형적이어야 한다. 독립변수가 변화함에 따라 종속변수가 변화할 때에 그 변화가 일정해야 한다.

둘째, 오차의 독립성. 예측의 오차 값들은 서로 독립적이어야 한다[1].

---

1) 회귀분석에 적용되는 중요한 전제조건 중의 하나는 독립변수들이 상호 밀접히 연관되어 있지 않다는 것이다. 회귀분석에서 독립변수들간에 선형관계가 전혀 없을 때, 즉 완전한 직교성을 지니는 경우는 매우 드물지만, 그렇다고 하여도 대부분은 분석 결과에 심각한 영향을 미치지 않는다. 독립변수들간 상관이 존재하여도 크지 않다면 그러한 약간의 선형관계는 별로 문제가 되지 않는다. 그러나, 상관의 정도가 크면 그 모형으로부터 추정된 모든 결과들을 잘못 해석할 수 있다. 즉, 특정 독립변수가 다른 독립변수와

셋째, 오차의 정규성. 오차란 종속변수의 관측 값과 예측 값간의 차이를 말하며, 오차의 기대값은 0이며, 정규분포를 이룬다고 가정할 수 있을 때에만 회귀분석을 실행 할 수 있다.

넷째, 오차의 등분산성. 오차들의 분산이 모두 일정해야 회귀분석을 실행 할 수 있다.

나. 회귀모형의 분석

회귀식의 형태를 일반화하여 나타낸 것을 회귀모형이라고 한다. 두 변수간의 관계는 여러 형태로 나타낼 수 있겠으나, 가장 간단한 형태는 두 변수의 관계를 직선적인 비례관계로 보는 것이다. 대부분의 회귀분석에서는 종속변수(Y)와 독립변수(X)의 관계를 직선식, 즉 1차식으로 나타낸다(수식 1참조).

$$\mu_Y \cdot {}_{X_i} = \alpha + \beta X_i \qquad \cdots\cdots\cdots \text{[수식-1]}$$

α : 절편에 해당되는 상수항

β : 독립변수 X와 종속변수 Y사이의 기울기로서 독립변수가 종속변수에 미치는 영향력의 크기

오차(ε_i)란 모집단 회귀식으로부터 구한 $\mu_Y \cdot {}_X$와 실제 관측치 Y_i사이의 차이를 의미한다(수식 2참조).

$$\varepsilon_i = Y_i - \mu_Y \cdot {}_{X_i} \qquad \cdots\cdots\cdots \text{[수식-2]}$$

강한 상관 혹은 비직교성(non-orthogonality)을 지닐 때 공선성(collinearity)의 문제가 제기된다. 그리고 3개 이상의 독립변수들간의 강한 선형관계를 다중공선성(multicollinearity)이라고 한다. 심한 다중공선성은 회귀계수의 계산을 불가능하게 만들거나, 또는 가능하더라도 매우 부정확한 계산으로 인해 독립변수들의 영향력의 상대적인 중요도를 파악하는 것이 거의 불가능해진다.

　　모집단 회귀모형은 모집단 전체를 대상으로 하여 독립변수와 종속변수의 관계를 나타낸 모형이다(수식 3참조).

$$Y_i = a + \beta X_i + \varepsilon_i \quad \text{\dotfill [수식-3]}$$
α와 β : 회귀계수(coefficient of regression)

　　모집단을 전체를 대상으로 조사하여 위의 회귀모형(수식 3)과 같이 모수 α와 β를 찾는 것은 실제로 불가능하다. 그러므로 α와 β를 추정하기 위해서는 표본으로부터 구한 자료를 사용해야 한다. 이를 표본의 회귀모형이라 한다(수식 4참조).

$$\widehat{Y}_i = a + b_i X \quad \text{\dotfill [수식-4]}$$
회귀계수 a와 b : 모집단 회귀식의 회귀계수 α와 β의 추정치

　　잔차(residual ; e_i)는 실제 Y_i값과 회귀식을 통해 얻은 예측치 $\widehat{Y}_i$값의 차이를 의미한다(수식 5참조).

$$e_i = Y_i - \widehat{Y}_i \quad \text{\dotfill [수식-5]}$$

　　표본 회귀모형은 수식 6과 같다.

$$Y_i = a + b X_i + e_i \quad \text{\dotfill [수식-6]}$$
a와 b : 회귀계수(coefficient of regression)

　　회귀분석의 추정은 잔차의 제곱 합이 최소가 되는 최소자승법(OLS; Ordinary Least Squares) 모델을 이용하여 회귀식이 Y = a + bX (X=독립변수, Y=종속변수)의 형태로 Y 값의 차이, 즉

제곱의 합을 최소화시킨다.

두 변수간의 함수관계를 밝히고자 하는 단순회귀분석에서 첫 단계로 해야 하는 작업이 회귀식의 올바른 추정이다. 회귀분석에 있어서 가장 중요한 것은 이론적 모형에 적합하고 동시에 정확한 회귀식을 추정하는 일이다. 여기서 회귀식은 주어진 사례 i에 대하여 얻어진 예측값 $\widehat{Y_i}$와 실제 관측값 Y_i사이에 오차가 작음을 의미한다.

$\widehat{Y_i}$와 Y_i가 항상 일치하는 회귀식을 구할 수 있다면 이상적이나 현실적으로는 오차가 항상 존재하기 마련이다. 그래서 회귀식을 추정할 때 가장 바람직한 방법은 오차항(또는 잔차) $\varepsilon_i = Y_i - \widehat{Y_i}$을 가장 작게 하는 것이라 할 수 있다. 이러한 오차항을 줄이는 방법으로 오차항의 제곱의 합을 최소화하는 회귀선을 구하는 방법이 가장 널리 사용된다. 최소자승법(ordinary least squares method : OLS)에 의한 회귀식 추정의 기본원리는 오차항의 제곱합을 최소로 하는 α와 β의 추정값을 구하는 것이다. 이를 위해서 S를 α와 β로 각각 편미분하여 그 값이 0이 되게 하며, 일련의 계산과정을 거쳐 다음과 같은 수식 7과 같은 회귀식으로 정리한다.

$$S = \sum \varepsilon_1^2 = \sum (Y_i - \widehat{Y_i})^2 = \sum (Y_i - \widehat{\alpha} - \widehat{\beta} X_i)^2$$

$$\widehat{Y_i} = \overline{Y} + \frac{\sum x_i Y_i}{\sum x_1^2} x_i \qquad \text{........ [수식-7]}$$

회귀모형의 분석은 적합도 검정을 통하여 이루어진다. 적합도 검정은 추정된 표본 회귀선이 표본 관측치들을 얼마나 설명하는가를 검정하는 것으로써, 표준추정오차(standard error of estimat e)를 이용하는 방법과 결정계수(coefficient of determination)를 이용하는 방법 등 두 종류가 있다.

표준추정오차를 이용한 검정은 표본 수를 n이라 하고, 독립변수들의 개수를 k라고 할 때 추정오차의 자승합을 (n-k-1)로 나눈 것을 추정치의 불편분산이라 한다. 결정계수를 이용한 검정은 표준추정오차의 문제점을 해소하기 위하여 결정계수를 이용한다. 결정계수(R^2)은 0과 1 사이의 값을 가지며 이수치가 높을수록 표본회귀선의 설명력이 높아진다고 본다. 독립변수가 증가함에 따라 증가하는 경향성이 있어 적합도를 판정할 때 자유도를 고려한 것이 조정된 결정계수이다.

다. 회귀분석의 종류

회귀분석에는 독립변수의 수에 따라서 두 가지로 나뉜다. 첫째, 단순회귀분석(Simple Regression Analysis)은 하나의 독립변수와 종속변수와의 관계를 선형관계식으로 표시하고, 독립변수와 종속변수에 관한 관찰자료를 이용하여 회귀식의 기울기와 절편을 추정하는 통계기법이다. 둘째, 다중회귀분석(multiple regression)은 회귀모형에 추가되는 독립변수가 2개 이상이고, 종속변수 1개 일 때 사용되는 분석이다.

3. 연구상황

학생에 의한 교사의 수업효율성 지각이 학업성취에 미치는 영향정도 알아보기(A초등학교). 여기서 효율적인 교사의 수업행동측정 변인2)들을 소개하면 다음과 같다.

▶ X1: 수업지도 내용의 명료성, X2: 수업지도 내용의 설명능력, X3: 수업지도 내용의 구조화, X4: 수업지도 내용의 다양화, X5: 수업지도 내용의 동기화, X6: 교사의 공정성, X7: 교사의 온정성, X8: 교사와 학생간의 상호작용.

4. 회귀분석의 실행

가. 데이터의 선택

A초등학교 학생들만 대상으로 회귀분석을 실행하기 위해선 A초등학교 학생 데이터를 선택해야 한다. 방법은 다음의 절차를 따른다.

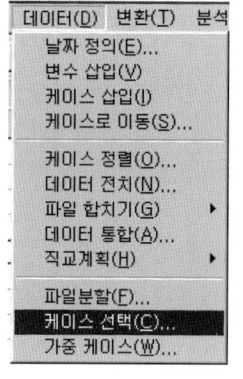

【단계 1】

• 데이터 ─ 케이스 선택을 차례대로 클릭한다.

[그림11-1]

---

2) 제 2장 데이터 안내 편에 나오는 <표2-4>의 효율적인 교사의 수업행동측정 도구의 문항별 번호를 참고하기 바랍니다. 각 변인은 해당 문항 합의 평균으로 리코딩 하여 얻은 변인 값들입니다.

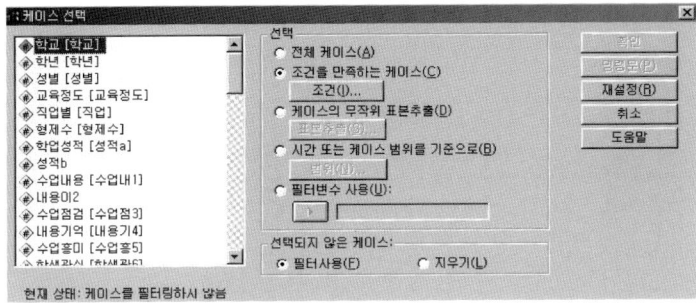

[그림11-2]

【단계 2】

• 선택에서 조건을 만족하는 케이스를 선택한다. 나머지는 디폴트로 둔다.

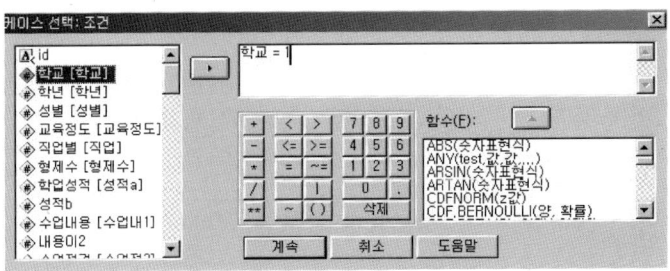

[그림11-3]

【단계 3】

• 왼쪽 변수 창에서 학교 변수를 선택하여 오른쪽 칸에 옮기고 그림과 같
이 선택한다. 그리고 계속 버튼을 선택한다.

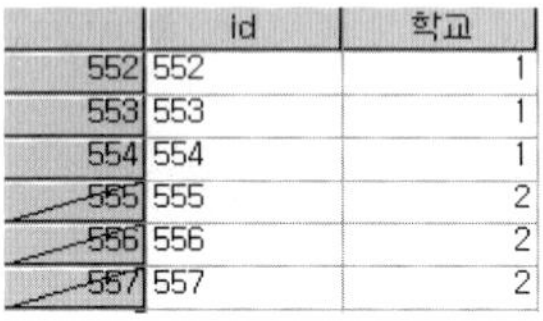

	id	학교
552	552	1
553	553	1
554	554	1
555	555	2
556	556	2
557	557	2

[그림11-4]

【단계 4】

• [그림11-4]와 같이 학교가 1인 경우
만 선택이 되어 있음을 확인할 수
있다.

나. 회귀분석의 실행

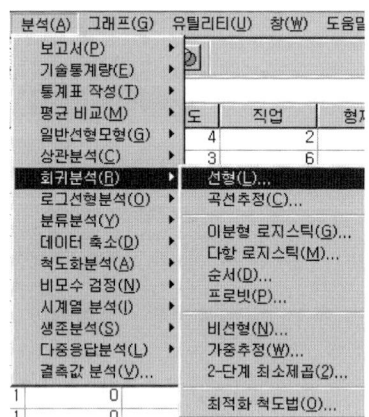

[그림11-5]

【단계 5】

• 분석 ― 회귀분석 ― 선형을 차
례대로 선택한다.

[그림11-6]

【단계 6】

• 왼쪽 변수 칸에서 **X11-X88**은 독립변수 칸으로 이동하고, 학업성적
변수는 종속변수로 이동시킨다. 방법은 디폴트 값 그대로 입력을 선
택한다.

  - 입력 : 강제 등록으로 블록 내의 변수가 동시에 등록된다.

  - 단계선택(Stepwise) : 단계적으로 변수를 등록 및 제거한다.

  - 제거 : 강제제거

  - 후진 : 후방 변수 제거

  - 전진 : 전방의 변수 선택

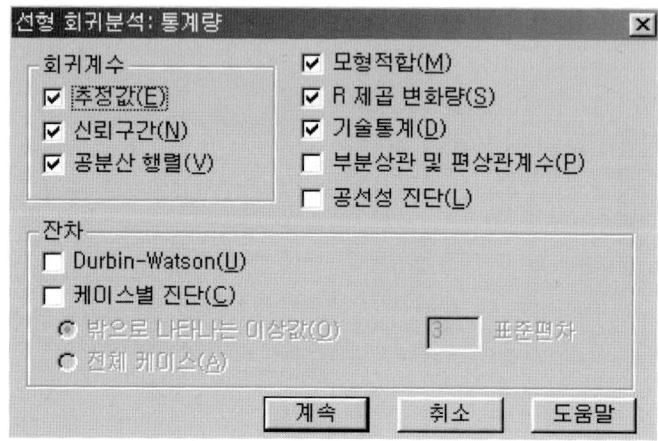

[그림11-7]

【단계 7】

• 그림과 같이 선택한다.

- 추정 값 : 회귀 계수의 추정치를 표시한다.

- 신뢰구간 : 비표준화 회귀계수에 대한 95% 신뢰구간을 표시한다.

- 공분산 행렬 : 비표준화 회귀계수에 대한 분산, 공분산 행렬.

- 모형적합 : R^2, 조정된 R^2, 표준추정오차 등 F의 관측 확률을 표시한다.

- R 제곱 변화량 : R 제곱 변화량의 변경 사항을 표시한다.

- 공선성 진단 : 공선성 여부에 대한 통계량.

- Durbin-watson : 계열 상관 존재 여부에 대한 통계량.

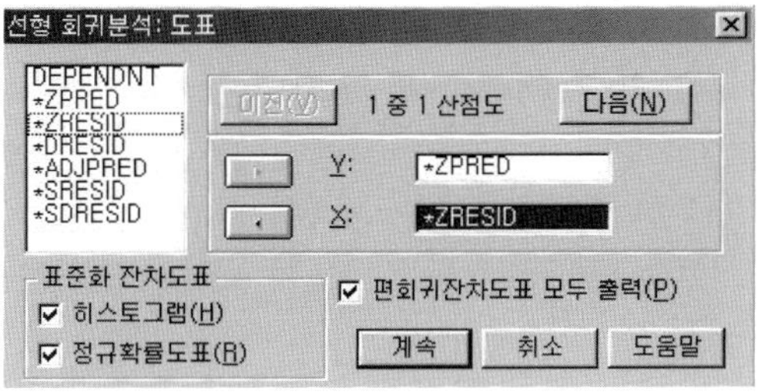

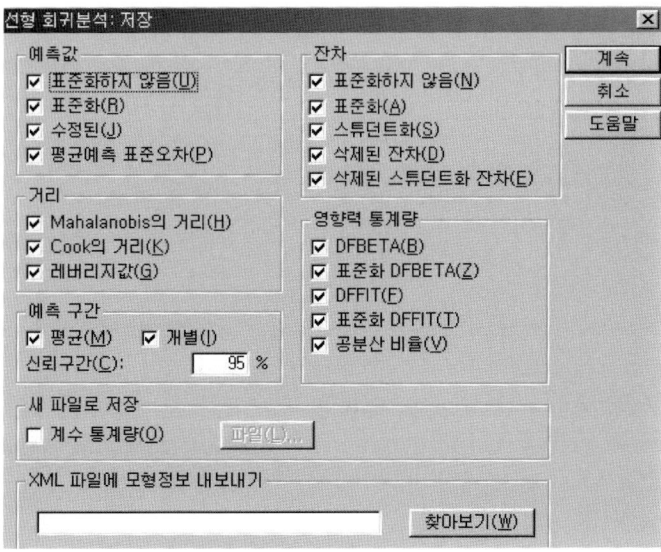

[그림11-8]

【단계 8】

• 그림과 같이 선택한다.
  - ZPRED : 표준 예측치 - ZRESID: 표준잔차 - DRESID: 삭제잔차
  - ADJPRED : 조정 예측치 - SRESID: 스튜던트화된 잔차
  - SDRESID : 스튜던트화된 삭제잔차

[그림11-9]

【단계 9】

• 그림과 같이 선택한다.

- 예측 값 : 케이스를 예측하는 회귀 모형 값을 의미

- 거리 : 회귀 모형에 영향을 주는 독립변수나 케이스에 대한 특수 값으로 하나 이상을 선택 할 수 있다.

- 예측구간 : 평균(평균 예측 응답에 대한 예측 구간의 상·하한 한계)

- 개별 : 단일 관찰에 대한 예측구간의 상·하한 한계

- 잔차 : 종속 변수의 실제 값에서 회귀방정식을 통해 예측한 값을 뺀 것을 의미하며 하나 이상을 선택할 수 있다.

- 영향력 통제

  DFBETA : 특정 사례의 제외로 인해 발생 가능한 회귀계수의 변화

  표준화 DFBETA(Z) : 표준화된 DFBETA값.

  DFFIT(F) : 특정한 사례가 제외 될 때 예측치의 변화를 의미한다.

  표준화 DFFIT(F) : 표준화된 DFfit 값

  공분산 비율 : 특정 사례 제외시 공분산 행렬식과 비제외시 공분산 행렬식과의 비율을 의미한다.

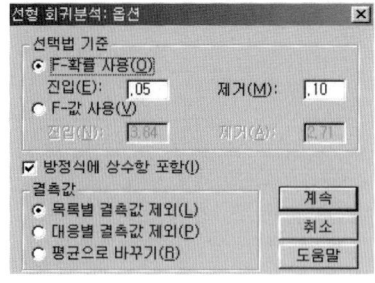

[그림11-10]

【단계 10】

• 그림과 같이 선택한다.

- 선택법 기준 :

  F확률 사용 : 등록 값은 .05, 제거 값은 .10이다.

  F-값 사용 : 등록 및 제거 범주로써 F 값을 사용한다.

- 목록별 결측 값 제외 : 모든 변수에 대하여 명확한 값을 가지는 사례만이 분석에 포함된다.

5. 분석결과

학생에 의한 교사의 수업효율성 지각이 학업성취에 미치는 영향정도에 대한 중다회귀분석의(multiple regression analysis) 결과가 제시되어 있다3).

<표11-1> 기술통계량

	평균	표준편차	N
학업성적	71.91	17.55	551
X11	2.7935	.5886	551
X22	2.7158	.4624	551
X33	2.5125	.5370	551
X44	2.5122	.5459	551
X55	2.6327	.5396	551
X66	2.8414	.5545	551
X77	2.7165	.6359	551
X88	2.8051	.5488	551

▶ 해설: 위의 <표11-1>의 분석결과는 학업성적이라는 종속변수와 X11 ~ X88의 독립변수간의 관련성 정도를 파악하기 위한 다중회귀분석의 결과이다. 각 변수에 대한 평균, 표준편차, 사례 수를 나타내고 있다.

---

3) 분석결과 표에 제시된 계수는 실제 통계 분석 결과 나온 수치를 저자가 설명의 편의를 위해서 수정된 수치도 포함되어 있음을 밝혀 둡니다.

<표11-2> 상관계수

		학업성적	X11	X22	X33	X44	X55	X66	X77	X88
Pearson 상관	학업성적	1.000	.057	.068	.065	.031	.059	-.072	.042	.046
	X11	.057	1.000	.720	.459	.484	.643	-.034	.644	.673
	X22	.068	.720	1.000	.559	.508	.673	-.030	.673	.728
	X33	.065	.459	.559	1.000	.500	.431	-.013	.542	.498
	X44	.031	.484	.508	.500	1.000	.672	-.031	.533	.605
	X55	.059	.643	.673	.431	.672	1.000	.018	.703	.692
	X66	-.072	-.034	-.030	-.013	-.031	.018	1.000	.004	.028
	X77	.042	.644	.673	.542	.533	.703	.004	1.000	.685
	X88	.046	.673	.728	.498	.605	.692	.028	.685	1.000
유의확률 (한쪽)	학업성적	.	.090	.055	.063	.231	.084	.047	.162	.139
	X11	.090	.	.000	.000	.000	.000	.212	.000	.000
	X22	.055	.000	.	.000	.000	.000	.239	.000	.000
	X33	.063	.000	.000	.	.000	.000	.378	.000	.000
	X44	.231	.000	.000	.000	.	.000	.231	.000	.000
	X55	.084	.000	.000	.000	.000	.	.340	.000	.000
	X66	.047	.212	.239	.378	.231	.340	.	.464	.258
	X77	.162	.000	.000	.000	.000	.000	.464	.	.000
	X88	.139	.000	.000	.000	.000	.000	.258	.000	.

▶ 해설 : <표11-2>는 수업행동 변인간의 상관관계에 있어 학업
성적에 대해 한쪽(단측)검정으로 관련성을 나타내고 있다(학
업성적과의 상관이 다소 유의한 관련이 없는 것으로 나타나
있다). 여기서 주의할 점은 변수간(X22과 X11, X88)의 상관
관계가 매우 높을 경우 다중공선성의 존재 여부에 대해 주
의해야 한다.

〈표11-3〉 진입 및 제거된 변수

진입/제거된 변수 [b]

모형	진입된 변수	제거된 변수	방법
1	X88, X66 X33, X44 X11, X77 X55, X22[a]		입력

a. 요청된 모든 변수가 입력되었습니다.
b. 종속변수 : 학업성적

▶ 해설 : <표11-3>은 종속변수로 학업성적이 입력된 독립변수
로는 X11~X88임을 알 수 있다. 방법으로는 입력법을 사용
한 결과를 나타내고 있다.

〈표11-4〉모형요약

모형	R	R 제곱	수정된 R 제곱	추정값의 표준오차	통계량 변화량				
					R 제곱 변화량	F 변화량	자유도1	자유도2	유의확률 F 변화량
1	.111(a)	.012	-.002	17.57	.012	.847	8	542	.562

a 예측값: (상수), X88, X66, X33, X44, X11, X77, X55, X22
b 종속변수: 학업성적

▶ 해설 : <표11-4>는 선형 모형의 적합도를 측정하는데 이용되
는 R제곱은 X88, X66, X33, X44, X11, X77, X55, X22
변수가 투입됨으로써 종속변수에 대한 전체 설명력이 .012로
1.2%라는 것을 알 수 있다. 이는 일반적으로 통계분석에 이
용된 사례들이 1.2%가 표본회귀선에 적합하다는 것을 의미
한다. 수정된 R제곱(adjusted R square)은 -.002로서 이는 모

집단에 이 모델을 가장 잘 부합시키기 위해서 R제곱을 수정한 값이다.

〈표11-5〉 분산분석

모형		제곱합	자유도	평균제곱	F	유의확률
1	선형회귀분석	2090.470	8	261.309	4.847	.002(a)
	잔차	167259.349	542	308.597		
	합계	169349.819	550			

a 예측값 : (상수), X88, X66, X33, X44, X11, X77, X55, X22
b 종속변수 : 학업성적

▶ 해설 : 분산분석에서는 중다회귀분석에 대한 유의도인 F통계량을 보고 회귀분석에 대한 적합도를 판단하게 된다. F 값이 4.847이고 자유도(8, 542), 유의도가 .002로 1%에서 본 회귀분석 모형이 유의미한 것을 보여주고 있다.

〈표11-6〉 계수

모형		비표준화 계수		표준화 계수	t	유의확률	B에 대한 95% 신뢰구간	
		B	표준오차	베타			하한값	상한값
1	(상수)	70.484	6.245		11.287	.000	58.216	82.751
	X11	.338	2.003	.011	.169	.866	−3.596	4.272
	X22	1.260	2.861	.233	2.440	.030	−4.360	6.880
	X33	1.836	1.827	.056	1.005	.315	−1.753	5.426
	X44	−1.327	2.008	−.041	−.661	.509	−5.273	2.618
	X55	2.065	2.452	.063	.842	.400	−2.751	6.881
	X66	−2.263	1.360	−.072	−1.664	.097	−4.936	.409
	X77	−1.017	1.924	−.037	−.528	.598	−4.797	2.763
	X88	2.164	3.347	.405	3.070	.001	−4.775	4.446

a 종속변수 : 학업성적

▶ 해설 : <표11-6>의 결과를 토대로 표본회귀선에 대한 수식은 다음과 같다.

$$Y = 70.484 + .338(X11) + 1.260(X22) + 1.836(X33) - 1.327(X44) + 2.065(X55)$$
$$- 2.263(X66) - 1.017(X77) + 2.164(X88) \qquad \cdots\cdots\cdots \quad [\text{수식-8}]$$

표준화 회귀계수(β)는 회귀계수의 상대적 중요도를 나타낸다. 이는 독립변수들 간의 단위가 다르다면 회귀계수 그 자체는 큰 의미가 없게 된다. 그래서 표준화시켜 독립변수들 간의 상대적 중요도를 알아 볼 수 있는데 그 지표로 사용되는 것이 베타(β)계수이다. t 분포를 이용한 유의도 검정 결과 전반적으로 학업성적에 미치는 영향력이 없는 것을 알 수 있다. 다만, X22(수업지도 내용의 설명능력)가 유의도 5%에서 영향력이 있으며, X88(교사와 학생간의 상호작용)에서 유의도 1%에서 영향력이 있음을 살펴볼 수 있다.

6. 보고서 작성

교사의 수업효율성 지각이 학업성취에 미치는 영향을 알아보기 위해 A초등학교에 대한 중다회귀분석을 한 결과는 <표11-7>과 같다.

<표11-7>은 교사의 수업효율성 지각에 따른 학업성취와의 중다회귀분석의 결과이다. 전체적으로 교사의 수업효율성 지각이 학업성취에 미치는 영향은 1.2%(R^2 = .012)로 나타났다. 교사의 수업효율성 변인중 내용의 설명능력이 유의도 5%, 학생간의 상호작용이 유의도 1%에서 학업성취에 영향력을 발휘하는 것으로 나타나

있다. 이러한 사실로 미루어보아 초등학교 6학년 학생들이 선호하는 교사는 수업 내용을 쉽고 재미있게 설명해주고, 학생간에 서로 상호작용을 하면서 수업을 진행하는 교사를 보다 선호하며 이러한 교사에게서 수업을 받는 학생들의 학업성적이 우수하다는 해석을 할 수 있겠다.

<표11-7> A초등학교 교사의 수업효율성 지각이
학업성취에 대한 중다회귀분석

독 립 변 인	A 초등학교
교사의 수업효율성 변인	
내용의 명료성	.011(.169)
내용의 설명능력	.233(2.440)*
내용의 구조화	.056(1.005)
내용의 다양화	−.041(−.661)
내용의 동기화	.063(.842)
교사의 공정성	−.072(−1.664)
교사의 온정성	−.037(−.528)
학생간의 상호작용	.405(3.070)**
상수(constant)	70.484
R²	.012
Adj. R square	−.002
F 값	4.847**
사례수(N)	551

주: 1) 각 모델의 제시 값은 표준화 회귀계수β(t값)   * p< .05,   ** p< .01.

【참고 논문자료 1】

가정의 사회적 자본이 아동의 학업성취에
미치는 효과분석[4]

아동의 가족배경 및 부모-자녀간 관계의 사회적 자본과 학업성취와의 관계를 분석하기 위하여 중다회귀분석(multiple regression analysis)을 실시하였다. 그 결과는 <표11-8>와 같다. 가족배경과 부모-자녀간의 관계가 학업성취에 영향을 미치는 사회적 자본의 성취변량은 전체적으로 12.4%로 드러났다. 아동 가족배경 사회적 자본의 학업성취에 대한 영향력은 1.6%, 부모-자녀간의 관계에 따른 사회적 자본의 영향력은 10.8%로 나타났으며, 이는 가족배경의 사회적 자본에 부모-자녀간의 관계 변인 9.2%가 더하여져 학업에 대하여 상승적인 작용을 한 것으로 나타났다. 아동의 가족배경 사회적 자본 중 어머니의 취업상태 변인이 유의도 5%에서 학업성취에 영향을 주는 것으로 나타났다.

부모-자녀간 관계의 사회적 자본이 추가되었을 때 가족 배경에 의한 영향력은 사라지고, 부모-자녀간 관계의 사회적 자본의 4개 하위요인 중에서 학교 이야기(유의도 1%), 행사참석(유의도 1%), 집안 분위기(유의도 5%)등의 변인들이 학업성취에 유의미하게 작용하는 것으로 나타났다. 부모의 자녀에 대한 교육적인 관심과 대화, 집안 분위기 등은 아동들의 학습과 교육적인 활동에 대하여 부모들이 가지는 열정과 노력의 정도로서 이는 가족의 경제적, 문

---

4) 안우환(2003). 가정의 사회적 자본이 아동의 학업성취에 미치는 효과분석.
   한국교육, 30권3호.

화적 자본과는 별도로 아동의 학업성취에 영향력을 매개하는 것
으로 중요한 의미를 지닌다 하겠다. 불리한 처지와 환경에 놓인
아동들이라 할지라도 부모의 아동에 대한 교육적인 개입과 활동
은 사회·경제적인 계층의 장애를 극복할 수 있는 가능성을 보여준
다고 할 수 있겠다.

〈표11-8〉 가족배경 및 부모-자녀간 관계의 사회적 자본과
학업성취와의 회귀분석

독립변인	모델1	모델2
성별	1.836(1.281)	1.618(1.332)
가족배경		
모취업 상태	2.628(1.248)*	1.913(1.267)
부학력	.601(.824)	.707(.816)
모의학력	−.233(.838)	.548(.868)
형제 수	−.525(1.194)	.164(1.219)
가족상태	.984(1.989)	.509(2.022)
교육적 관심과 대화		
배운내용		−1.564(.762)
집안 분위기		−2.247(.703)*
학습 도움		−.434(.579)
학교 이야기		2.131(.575)**
부모 대화		−.612(.686)
가사 보조		.357(.537)
고장사람		−.123(.788)
친구 인지		
친구인지		1.340(.714)
부모인지		−.251(.474)

독립변인	모델1	모델2
학교 참여		
행사참석		3.552(.729)**
학원과외		−1.831(.621)
전 학		.815(.600)
부모의 기대와 훈육		
부모바램		.878(.727)
종교교리		.847(.647)
부 모 별		−1.039(.638)
Constant	10.552	65.001
N	366	362
R square	.016	.124
Adj. R square	.000	.070
F 값	.982	2.295**

※ 1) 각 모델의 제시 값은 표준화 회귀계수β(t값)   * $p < .05$,   ** $p < .01$.

【참고 논문자료 2】

대학생의 학업성취요인 분석 연구 : 대학정책의 변화를 위한 기초 탐색[5]

1. 개인적 배경변인이 학업성취도에 미치는 영향

학업성취도 변인을 종속변인으로 하고 이에 영향을 줄 수 있는 개인적 배경변인을 독립변인으로 설정하여 회귀분석을 실시한 결과는 다음의 <표11-9>과 같다.

〈표11-9〉학업성취도에 대한 개인배경변인의 회귀 분석

종속변인	독립변인	b	표준오차	β	t값	R	R2
학점	(반응상수)	1.942	.095		20.468**	.312	.096
	일일 공부시간	.065	.013	.123	4.992**		
	가입 동아리수	-.001	.020	-.001	-.027		
	월 평균 용돈	.024	.016	.034	1.487		
	통학시간	.004	.015	.007	.304		
	대학생활만족도	.049	.015	.084	3.200**		
	학과만족도	.024	.016	.039	1.494		
	학습경향 및 태도	.186	.025	.191	7.593**		

** p < .01

---

5) 김형관·신현석·서민원·황기우(2002). 대학생의 학업성취요인 분석 연구 : 대학정책의 변화를 위한 기초 탐색. 교육행정학연구, 20권1호.

일일공부 시간, 학습경향 및 태도, 그리고 대학생활만족도 등의 개인적 변인은 학점에 의미 있는 영향을 미치고 있는 것으로 나타났다. 그 중에서도 학습경향 및 태도는 대학생의 학점에 상대적으로 다른 변인들보다 큰 영향을 미치고 있는 것으로 나타났다. 그러나 개인적 배경변인들 전체가 학점에 대해 갖는 설명력은 9.6%에 불과하였다.

제12부
위계선형 모형 분석(HLM)

제12장 위계선형분석(HLM)

1. 위계선형 모형(HLM) 안내

　HLM(Hierarchical linear model)은 보통 위계적 선형모형 또는 다층모형(multilevel model)이라고도 불리는 통계모형이다. 다층모형은 다층자료의 분석을 위한 모형이다. 통계학에서 다층자료는 내재적 자료(nested data)로도 지칭된다. 이들 용어는 모두 자료의 구조를 반영하는 것으로서 수집된 자료가 학생과 학교의 변수들을 모두 포함하고, 학생들은 학교에 소속되는 구조가 다층자료의 좋은 예가 된다. 즉, 학생은 일 층위(또는 수준 1, level 1, micro level)단위이며, 학교는 이 층위(수준 2, level 2, macro level) 단위이다. 이처럼 자료가 양쪽 층위에서 수집된 자료가 전형적인 다층자료이다(강상진, 2003).

　교육학, 심리학 등을 포함한 사회과학에서의 연구자료들은 그 성격상 다층구조(multilevel) 혹은 위계적(hierarchical) 구조를 지니고 있는 경우가 많다. 그런데 전통적인 통계분석에서는 이러한 자료들의 다층구조를 무시하고 집합화(aggregation) 등의 방법으로 다층구조를 단층구조로 전환한 뒤 일반적으로 통계분석을 진행하여 왔다. 하지만, 이러한 단층 구조화에 의한 모형적용은 변인에 대한 의미의 변색 등을 가져오게 되며, 각 층에서의 변인들간의 상호관계와 층과 층간의 횡단적 관계를 모형화 하는데는 한계를 가지게 된다. 이러한 문제들을 해결하기 위한 시도로서 1980년대에 들어와 다층구조에 적합한 통계모형들이 출현하기 시작하였다. 이 새로운 모형에서는 연구대상에 대한 집단 내와 집단간의 현상에 대하여 명시적인 통계모형을 형성하고 검정할 수 있게 해준다.

  기존의 회귀분석 방법은 개인 수준과 구조 수준의 변수들이 같은 층위에서 해석되는 생태학적 오류(ecological fallacy)를 범할 위험성이 있었다. 다층으로 이루어진 자료의 속성을 고려하지 않고, 서로 다른 층에서 나타나는 변수의 효과를 단층선형 모형을 가지고 해석 할 때 나타나는 현상을 '로빈슨 효과(Robinson effect)'라 한다. 다층분석을 사용하면 개인적 변수들과 구조적 변수들을 다차원으로 방정식에 넣을 수 있기 때문에 이러한 위험을 극복할 수 있다(Bryk and Raudenbush, 1992).

  다층분석에 대하여 국내에서 선도적인 연구를 수행한 김경성(1991), 강상진(1998)은 HLM 분석에 대하여 다음과 같이 말하고 있다.

  "종래 교육학적 연구의 주된 방법은 집단의 특성을 무시한 단순한 회귀분석법(ordinary least square methods)을 사용해 왔으나, 이러한 단순한 방법론의 적용은 집단이나 계층에 따른 효과를 적절히 설명하지 못하고 있다. 이러한 방법론상의 오류를 개선하기 위하여 통계적으로 좀 더 정확하고 복잡한 접근 방법을 시도하기에 이르렀다. 이에 따라서 여러 가지 통계적인 분석도구가 여러 사람들에 의해서 만들어졌다. 다층분석의 초점은 어떻게 효과적으로 학생의 개인적인 변인과 집단적인 특성의 영향을 분리해 내느냐 하는데 있다. 즉, 학생들에게는 집단 내 변인들(학생들의 개인 환경변인)과 집단간 변인들의 영향을 다른 각도에서 산출해 내며, 그 해석을 달리한다"(김경성, 1991).

  "다층분석 차원에서 회귀분석 모형은 단층 구조의 자료분석을 위한 통계모형이므로 다층자료를 분석하기 위하여 연구자는 필연

적으로 분석의 단위를 선택하여야 하며, 이 경우에 연구자의 자료
분석의 결과는 흔히 타당성을 잃는다는 것이다"(강상진, 1998).

이러한 위계선형모형은 위계적 구조를 지니고 있는 자료들을
분석하는 데 있어 전통적인 통계모형들이 지니고 있는 많은 한계
점들을 극복하기 위하여 만들어진 비교적 새로운 모형으로 이론
적인 면에서나 응용적인 면에서 계속 발전하고 있다.

학급이나 학교를 단위로 하는 교육현상 연구나 학생들의 성장,
발달 등의 종단적 연구와 같은 교육학 관련 분야에서 가장 널리
이용되고 있으며, 종속변수와 독립변수의 관계가 선형적 관계이
며, 정규성을 갖는 경우에 기관과 조직, 프로그램의 효과연구와
개인의 성장과 발달 연구, 반복측정 자료의 분석, 메타분석 연구
에 다층모형이 활용되고 있다.

2. 연구상황

학생의 학업성취에 영향을 주는 변인으로 학생의 배경변인인 S
ES와 학교 수준의 변인인 설립유형(SECTOR), 평균 SES(MEAN
SES) 변인들의 영향 정도를 알아보고 학교간의 효과를 분석하고
자 한다. 여기서 분석에 동원되는 자료에 대해서 살펴보면 다음과
같다(Raudenbush et al., 2001)[1].

1-수준 자료인 HSB 1은 7,185의 사례수로 이루어졌고, 4개의
변인으로 구성이 되어 있다. 첫째, 민족성 변인(MINORITY; 1=m
inority, 0=other), 둘째, 성별변인(FEMALE; 1=female, 0=male),
셋째, 학생 배경변인(SES; 부모의 교육수준, 직업, 수입), 넷째, 수

---

1) 12장에서 사용되는 데이터는 다음 사이트를 방문하면 HLM 의 최신 데모
버전과 데이터를 입수할 수 있다. Assessment Systems Corporation 사 홈
페이지 http://www.assess.com 이다.

학성적(MATHACH).

2-수준 자료인 HSB 2는 160개 학교로 모두 6개의 변인으로 구성이 되어 있다. 첫째, 학교의 학생 수(SIZE), 둘째, 학교 설립별(SECTOR; 1=카톨릭학교, 공립학교), 셋째, 인문계 학생의 비율(PRACAD), 넷째, 학교의 학업풍토(DISCLIM), 다섯째, 소수 인종 등록율(HIMINITY), 여섯째, 학생 SES의 평균(MEANSES).

3. HLM 분석의 실행

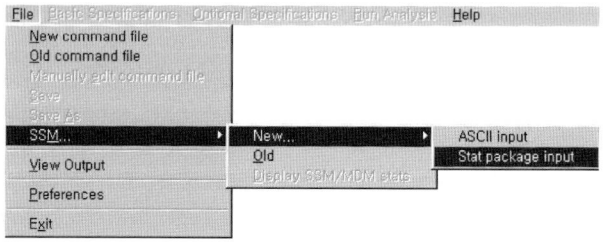

[그림12-1]

【단계 1】

1. HLM을 실행한 후 file 메뉴의 ssm → new → stat package input을 선택한다.

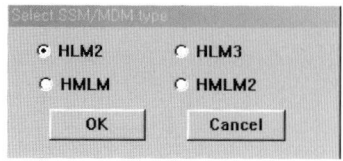

[그림12-2]

【단계 2】

1. hlm 2을 선택한 후 ok 버튼을 누른다.

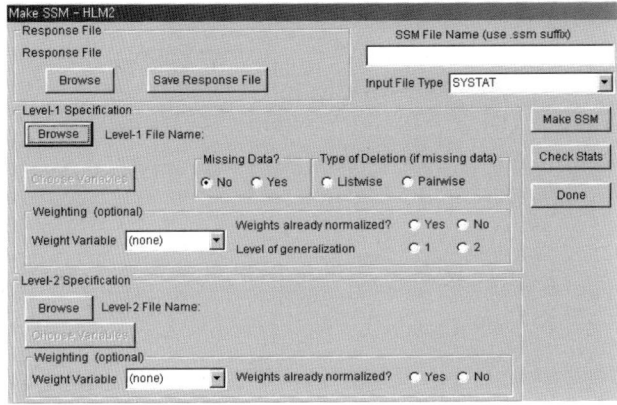

[그림12-3]

【단계 3】

1. input file type에서 spss/windows을 선택한다.

2. Level 1 specification 의 browse 버튼을 눌러 Hsb1.sav의 level-1 데이타 파일을 불러온다. 불러온 후 choose variables을 눌러 [그림12-4]와 같이 선택을 한다.

3. Level 2 specification의 browse 버튼을 눌러 Hsb2.sav의 level-2 데이타 파일을 불러온다. choose variables을 눌러 [그림12-5]와 같이 선택을 한다.

4. ssm file name 칸에 경로를 정하여 임의의 파일 이름을 기록한다. (예, D:\통계\HLM\test.ssm)

5. response file에서 save response file 버튼을 눌러 파일 이름을 임의로 기록한다. 여기서 browse는 기존에 response file이 있을 경우 불러오면 된다. 여기서는 처음으로 hlm을 실행함으로 기존 파일이 없다고 보고 save response file 만 기록하면 된다.

6. 나머지는 디폴트 값 그대로 두어도 무방하다.

7. 이상의 모든 것을 설정한 후 Done을 누른다.

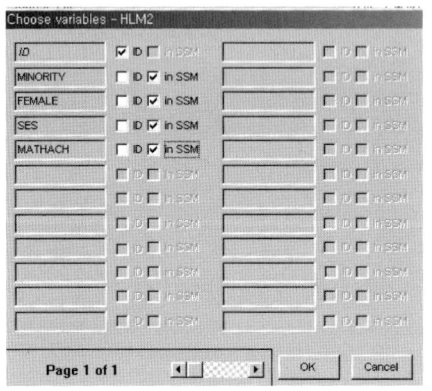

[그림12-4]

【단계 4】

1. id는 ID칸을 선택하고
   나머지 변인들은 모두 in
   ssm칸을 선택한 후 ok를
   누른다.

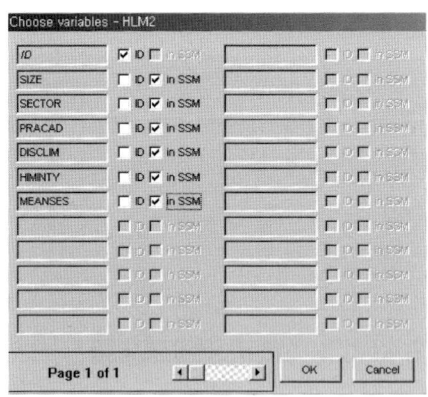

[그림12-5]

【단계 5】

1. id는 ID칸을 선택하고
   나머지 변인들은 모두
   in ssm칸을 선택한 후
   ok를 누른다.

LEVEL-1 DESCRIPTIVE STATISTICS

VARIABLE NAME	N	MEAN	SD	MINIMUM	MAXIMUM
MINORITY	7185	0.27	0.45	0.00	1.00
FEMALE	7185	0.53	0.50	0.00	1.00
SES	7185	0.00	0.78	-3.76	2.69
MATHACH	7185	12.75	6.88	-2.83	24.99

LEVEL-2 DESCRIPTIVE STATISTICS

VARIABLE NAME	N	MEAN	SD	MINIMUM	MAXIMUM
SIZE	160	1097.82	629.51	100.00	2713.00
SECTOR	160	0.44	0.50	0.00	1.00
PRACAD	160	0.51	0.26	0.00	1.00
DISCLIM	160	-0.02	0.98	-2.42	2.76
HIMINTY	160	0.28	0.45	0.00	1.00
MEANSES	160	-0.00	0.41	-1.19	0.83

【단계 6】

1. 위의 결과는 check stats 버튼을 누르면 변인(LEVEL-1, 2)에 대한 평
   균, 표준편차 값들이 나온다.

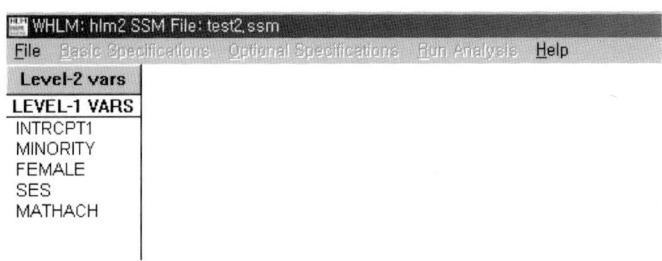

[그림12-6]

【단계 7】

1. [그림12-3]의 Done을 누르면 level 1, level 2 설정 화면이 [그림12-6]
   과 같이 나온다. 여기서는 level 1 변인이 나타나 있다.

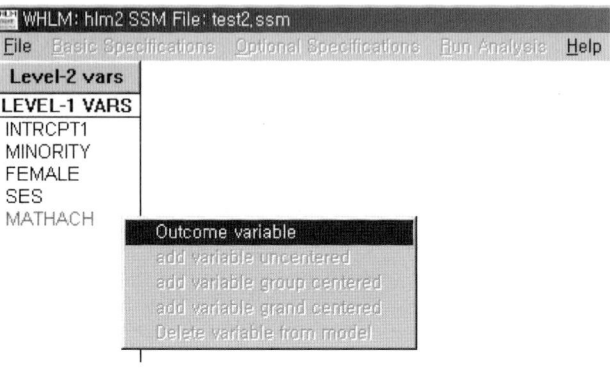

[그림12-7]

【단계 8】

1. 종속변인으로 **mathach**를 클릭 하면 오른쪽에 작은 메뉴 창이 나타난
   다. 여기서 outcome variable를 클릭한다.

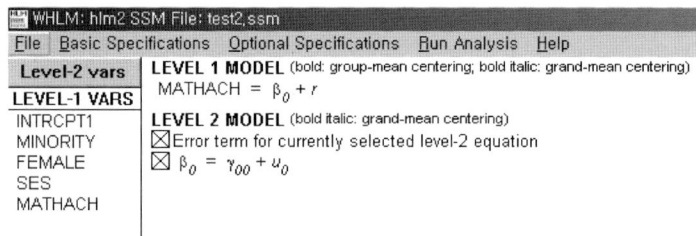

[그림12-8]

【단계 9】

1. 단계 8의 실행으로 다층모형 방정식이 나타나 있다. 여기서 굵은 글씨
   체는 단위 평균을 중심으로 교정한 것이고(group-mean centering), 굵
   은 이탤릭체는 총 평균 값을 교정한 것이다(grand-mean centering).

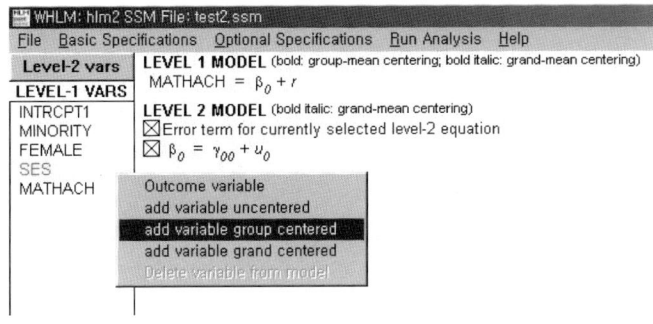

[그림12-9]

【단계 10】

1. 수학 성적에(mathach)에 영향을 줄 것으로 예상되는 학생 배경 요인으
   로 SES를 클릭 하면 오른쪽에 부 메뉴가 나타난다. 여기서 **add variab
   le group-mean centering**를 선택한다.

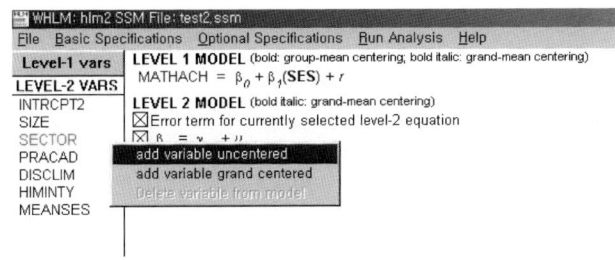

[그림12-10]

【단계 11】

2. [그림12-10]은 2 수준의 변인(level-2 vars)을 선택하면 나타난다. 여기
   서 β0(절편)의 설명변인으로 **sector**(학교 설립 유형)를 선택하고 **add
   variable uncentered**을 클릭한다.

   ⊠ (오차, 잔차)을 β0 부분에서 선택을 한 후 **sector**를 클릭 선택한다.

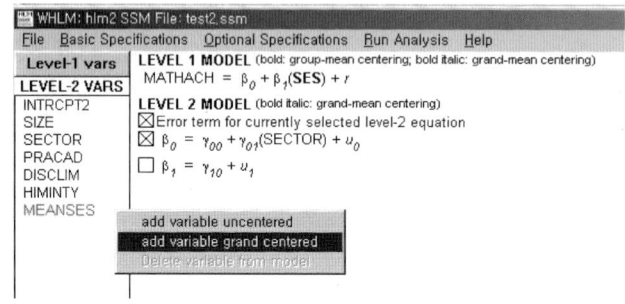

[그림12-11]

【단계 12】

1. ☒ (오차, 잔차)을 β0 부분에서 선택을 한 후 meanses를
   클릭한 후 add variable grand centered를 선택한다.

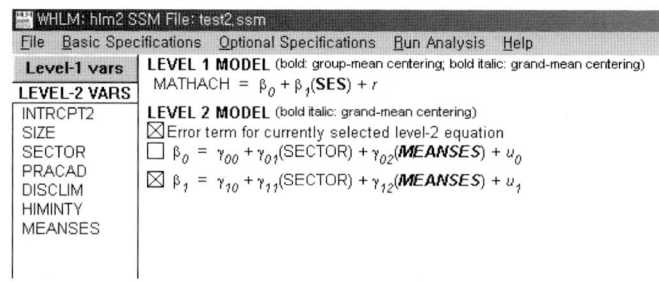

[그림12-12]

【단계 13】

1. β1을 선택한 후 단계 11∼ 단계 12에서 수행한 것을 한번 더 실행하여
   최종적으로 [그림12-12]와 같은 방정식을 만들어 준다.

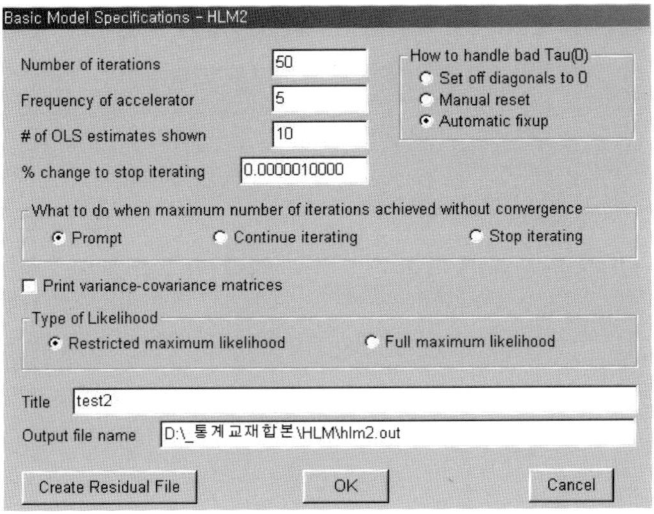

[그림12-13]

【단계 14】

1. File메뉴에서 다른 이름으로 저장을 선택하여 지금가지 수행한 것을 저
   장한다. 그리고 Basic model specification을 눌러 반복 회수(50)과 title
   칸에 본 분석의 간단한 설명을 기입한다(나머지는 디폴트값으로 그냥
   두어도 무방하다). ok버튼을 클릭한다. 마지막으로 메뉴에서 RUN anal
   ysis을 클릭한다.

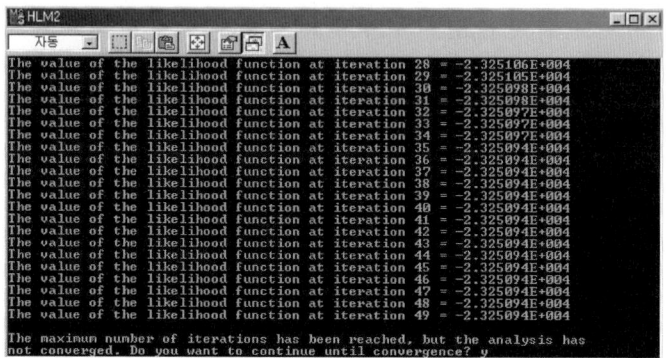

[그림12-14]

【단계 15】

1. [그림12-14]는 방정식의 결과를 도출하기 위해 프로그램이 반복하여 계산을 수행하는 모습을 나타내는 것이다. 당초에 반복 회수를 디폴트 값 50번으로 제한하여 실행하였기에 계산이 수렴되지 않아 계속하여 반복 계산 할 지를 물어보고 있다. 여기서 y를 누르고 엔터를 친다. 그러면 계산이 계속하여 진행된다.

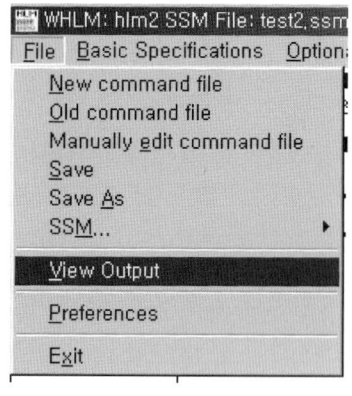

【단계 16】

지금까지의 모든 단계가 정상적으로 이루어지고 나면 File메뉴에서 View output을 눌러 계산 결과를 확인한다.

[그림12-15]

5. 분석결과

Program:	HLM 5 Hierarchical Linear and Nonlinear Modeling
Authors:	Stephen Raudenbush, Tony Bryk, & Richard Congdon
Publisher:	Scientific Software International, Inc. (c) 2000
	techsupport@ssicentral.com
	www.ssicentral.com
Module:	HLM2.EXE (5.01.2045.1)
Date:	31 August 2004, Tuesday
Time:	13:29:54

▶ Hlm 실행 결과 프로그램 버전과 모듈, 실행날짜와 시간이 안내되어 있다.

SPECIFICATIONS FOR THIS HLM2 RUN

Problem Title: TEST1

The data source for this run = D:₩_통계₩HLM₩결과₩test1.ssm

The command file for this run = D:₩_통계₩HLM₩결과₩test.hlm

Output file name = D:₩_통계₩HLM₩결과₩hlm2.out

The maximum number of level-2 units = 160

The maximum number of iterations = 50

Method of estimation: restricted maximum likelihood

Weighting Specification

	Weighting?	Weight Variable Name	Normalized?
Level 1	no		no
Level 2	no		no

The outcome variable is   MATHACH

The model specified for the fixed effects was:

Level-1 Coefficients	Level-2 Predictors
INTRCPT1, B0	INTRCPT2, G00
	SECTOR, G01
$	MEANSES, G02
* SES slope, B1	INTRCPT2, G10
	SECTOR, G11
$	MEANSES, G12

'*' - This level-1 predictor has been centered around its group mean.
'$' - This level-2 predictor has been centered around its grand mean.
The model specified for the covariance components was:

Sigma squared (constant across level-2 units)
Tau dimensions
INTRCPT1
SES slope

Summary of the model specified (in equation format)

Level-1 Model

$$Y = B0 + B1*(SES) + R$$

Level-2 Model

$$B0 = G00 + G01*(SECTOR) + G02*(MEANSES) + U0$$

$$B1 = G10 + G11*(SECTOR) + G12*(MEANSES) + U1$$

Level-1 OLS regression

Level-2 Unit	INTRCPT1	SES slope
1224	9.71545	2.50858
1288	13.51080	3.25545
1296	7.63596	1.07596
1308	16.25550	0.12602
1317	13.17769	1.27391
1358	11.20623	5.06801
1374	9.72846	3.85432
1433	19.71914	1.85429
1436	18.11161	1.60056
1461	16.84264	6.26650

The average OLS level-1 coefficient for INTRCPT1 =   12.62075
The average OLS level-1 coefficient for   SES =   2.20164

Least Squares Estimates
sigma_squared =39.03409
The outcome variable is MATHACH
Least—squares estimates of fixed effects

Fixed Effect	Coefficient	Standard Error	T—ratio	d.f.	P—value
For INTRCPT1, B0					
INTRCPT2, G00	12.083837	0.106889	113.050	7179	0.000
SECTOR, G01	1.280341	0.157845	8.111	7179	0.000
MEANSES, G02	5.163791	0.190834	27.059	7179	0.000
For SES slope, B1					
INTRCPT2, G10	2.935664	0.155268	18.907	7179	0.000
SECTOR, G11	−1.642102	0.240178	−6.837	7179	0.000
MEANSES, G12	1.044120	0.299885	3.482	7179	0.001

The outcome variable is MATHACH
Least—squares estimates of fixed effects
(with robust standard errors)

Fixed Effect	Coefficient	Standard Error	T—ratio	d.f.	P—value
For INTRCPT1, B0					
INTRCPT2, G00	12.083837	0.169507	71.288	7179	0.000
SECTOR, G01	1.280341	0.299077	4.281	7179	0.000
MEANSES, G02	5.163791	0.334078	15.457	7179	0.000
For SES slope, B1					
INTRCPT2, G10	2.935664	0.147576	19.893	7179	0.000
SECTOR, G11	−1.642102	0.237223	−6.922	7179	0.000
MEANSES, G12	1.044120	0.332897	3.136	7179	0.002

The least—squares likelihood value = −23362.111325
Deviance = 46724.22265
Number of estimated parameters =   1
STARTING VALUES
sigma(0)_squared = 36.72025

Tau(0)
| INTRCPT1,B0 | 2.56964 | 0.28026 |
| SES,B1 | 0.28026 | −0.01614 |

New Tau(0)
| INTRCPT1,B0 | 2.56964 | 0.28026 |
| SES,B1 | 0.28026 | 0.43223 |

The outcome variable is MATHAC

Estimation of fixed effects
(Based on starting values of covariance components)

Fixed Effect	Coefficient	Standard Error	T-ratio	Approx. d.f.	P-value
For INTRCPT1, B0					
INTRCPT2, G00	12.094864	0.204326	59.194	157	0.000
SECTOR, G01	1.226266	0.315204	3.890	157	0.000
MEANSES, G02	5.335184	0.379879	14.044	157	0.000
For SES slope, B1					
INTRCPT2, G10	2.935219	0.168674	17.402	157	0.000
SECTOR, G11	−1.634083	0.260672	−6.269	157	0.000
MEANSES, G12	1.015061	0.323523	3.138	157	0.002

The value of the likelihood function at iteration 1 = −2.325199E+004
The value of the likelihood function at iteration 2 = −2.325182E+004
The value of the likelihood function at iteration 3 = −2.325174E+004
The value of the likelihood function at iteration 4 = −2.325169E+004
The value of the likelihood function at iteration 5 = −2.325154E+004

.

The value of the likelihood function at iteration 57 = −2.325094E+004
The value of the likelihood function at iteration 58 = −2.325094E+004
The value of the likelihood function at iteration 59 = −2.325094E+004
The value of the likelihood function at iteration 60 = −2.325094E+004
Iterations stopped due to small change in likelihood function
******* ITERATION 61 ******
Sigma_squared = 36.70313
Tau
INTRCPT1,B0   2.37996   0.19058
  SES,B1   0.19058   0.14892

Tau (as correlations)
INTRCPT1,B0   1.000   0.320
  SES,B1   0.320   1.000

Random level−1 coefficient	Reliability estimate
INTRCPT1, B0	0.733

SES, B1	0.073

The value of the likelihood function at iteration 61 = −2.325094E+004
  The outcome variable is MATHAC

Final estimation of fixed effects:

Fixed Effect	Coefficient	Standard Error	T-ratio	Approx. d.f.	P-value
For INTRCPT1, B0					
INTRCPT2, G00	12.095006	0.198717	60.865	157	0.000
SECTOR, G01	1.226384	0.306272	4.004	157	0.000
MEANSES, G02	5.333056	0.369161	14.446	157	0.000
For SES slope, B1					
INTRCPT2, G10	2.937787	0.157119	18.698	157	0.000
SECTOR, G11	−1.640954	0.242905	−6.756	157	0.000
MEANSES, G12	1.034427	0.302566	3.419	157	0.001

The outcome variable is MATHACH

① Final estimation of fixed effects
(with robust standard errors)

Fixed Effect	Coefficient	Standard Error	T-ratio	Approx. d.f.	P-value
For INTRCPT1, B0					
INTRCPT2, G00	12.095006	0.173688	69.637	157	0.000
SECTOR, G01	1.226384	0.308484	3.976	157	0.000
MEANSES, G02	5.333056	0.334600	15.939	157	0.000
For SES slope, B1					
INTRCPT2, G10	2.937787	0.147615	19.902	157	0.000
SECTOR, G11	−1.640954	0.237401	−6.912	157	0.000
MEANSES, G12	1.034427	0.332785	3.108	157	0.002

▶ 고정효과에 대한 결과치를 나타내고 있다. 학교설립별, 평균 ses에 대한 계수(Coefficient), 표준오차, T-비율, P값 등이 제시되어 있다.

② Final estimation of variance components:

Random Effect		Standard Deviation	Variance Component	df	Chi-square	P-value
INTRCPT1,	U0	1.54271	㉠ 2.37996	157	605.29503	0.000
SES slope,	U1	0.38590	0.14892	157	162.30867	0.369
level-1,	R	6.05831	㉡ 36.70313			

▶ 학생의 1-수준 변인인 SES 변인에 대한 무선효과의 결과치를 나타내고 있다. 여기서 ㉡ 36.70313은 학교 내 변량의 크기를 의미한다. 학생의 수학 성적에 영향을 미치는 총변량은 일원변량분석 모형에서 얻을 수 있는 유용한 계수로 '집단 내 상관계수'(intraclass correlation)가 있다. 이 계수는 다음과 같은 공식으로 얻을 수 있다.

$$\rho = \tau_{00}/(\tau_{00} + \sigma^2) \quad \cdots\cdots (공식\ 1)$$

σ^2는 결과 변인의 집단 내 변화 정도를 표시해 주며, τ_{00}는 집단 간 변화 정도를 표시해 준다. 따라서 ρ계수는 2-수준의 단위 집단 사이에서 발생하는 설명변인 변량의 비율을 표시해 준다(Bryk and Raudenbush, 1992)[2]. 위의 공식 1에 의해서 학업성적에 영향을 주는 학교간 변량(ρ) = ㉠ 2.37996/(㉠ 2.37996 + ㉡ 36.70313)으로 구할 수 있다. 학교간 변량은 0.06으로 나온다. 그래서 총변량은 학교 내 변량(36.7)과 학교간 변량(0.06)의 합인 36.76으로 나온다.

---

2) Bryk, A. S. and Raudenbush, S. W.(1992). *Hierarchical Linear Models: applications and data analysis methods*, London: Sage Publications.

Statistics for current covariance components model
_____
Deviance = 46501.87563

Number of estimated parameters = 4

6. 보고서 작성

학생의 학업성취를 종속변인으로 하여 학교 내 변량(within-sch
ool variance)과 학교간 변량(between-school variance)을 산출한
결과가 제시되어 있다. 이는 위계적 선형모형(HLM)에서 가장 단
순한 모형인 일원변량분석 모형(the one-way ANOVA model)을
통해서 학생 수준과 학교 수준 각각에서 발생하는 성취도 변량의
비율을 산출해 보면 <표12-1>와 같다.

　<표12-1>는 학생들의 학업성취도 변인에 대한 일원변량분석의
결과이다. 학업 성취도 변인의 학교 내 변량과 학교 간 변량은 각
각 36.7($\widehat{\sigma^2}$)와 0.06($\widehat{\tau_{00}}$)이다. 이러한 결과는 성취도 변인의 변화
정도가 학교 수준에서도 일정 부분 존재하고 있지만, 동일 학교를
다니는 학생들 사이에서 보다 많이 발생하고 있음을 나타낸다. 학
업성취도 변인의 총 변량 중에서 학교 간 변량이 차지하는 비율
은 0.16%이다.

〈표12-1〉 학업성취도 변량 분석

총변량	36.76
학교간 변량(%)	0.06(0.16%)
학교 내 변량	36.7(99.8%)

　　<표12-2>에 의하면 학업성취에 영향을 주는 학교수준의 변인에
서 학교 설립별(SECTOR), 평균 SES 등의 변인이 학교의 평균
학업성적에 유의도 1%에서 영향을 주는 것으로 나타났다. 반면에
학생의 배경 변인(SES)은 학업성취에 별다른 영향을 주지 않음을
알 수 있다.

〈표12-2〉 학업성취도에 영향을 주는 학교수준 변인 분석

고정효과(fixed effect)	계수	표준오차(t-비율)	p-값
학교수준 평균모형			
절편(평균 학업성적)	12.095	0.174(69.637)	0.00**
SECTOR	1.226	0.308(3.976)	0.00**
MEANSES	5.333	0.335(15.939)	0.00**

무선효과 (random effect)	표준편차	변량	자유도	χ^2	p-값
학교평균 절편	1.543	2.380	157	605.295	0.00**
SES 기울기	0.386	0.149	157	162.309	0.369
1-수준 효과	6.058	36.703			

*; $p < 0.05$, **; $p < 0.01$

【참고 논문자료 1】

교사의 수업효율성과 학업성취와의 관계 탐색[3]

1. 연구목적

본 연구의 목적은 학생의 배경변인(사회계층)에 따른 교사의 수업효율성 지각과 학업성취와의 관계를 밝히는 것이다.

2. 연구모형

2-수준의 위계적 선형모형은 다음과 같다.

1-수준 모형 : Yij(학업성적) = β0j(절편) + β1j(성) + β2j(사회·경제적 지위) +γij(고유증가치)

$$Y_{ij} = \beta_{0j} + \beta_{1j}X_{1ij} + \cdots + \beta_{qj}X_{qij} + r_{ij}$$

Y_{ij}는 j 학교에 속해 있는 i 학생의 학업성적(종속변인)을 나타낸다. 이 종속변인은 학생개인의 특성변인인 X_{qij}와 오차변인 r_{ij}의 함수식으로 표기할 수 있다. r_{ij}는 평균이 0 이고 표준편차가 σ^2인 분포를 보인다고 가정한다. 회귀계수 β_{qj} (q=0,...,Q)는 j학

---

3) 안우환(2004). 교사의 수업효율성과 학업성취와의 관계 탐색. 교육행정학 연구, 22(2).

교에서 개인특성변인(가정의 사회경제적 배경, 성별 등)의 함수에
의해서 종속변인이 어떻게 분포하는지를 나타내고 있다.

2-수준 모형 : β0j = γ00 (절편) + γ01(수업지도) + γ02(공정
성) + γ03(온정성) + γ04(상호작용) + uqj(고유증가치)

$$\beta_{qj} = \gamma_{q0} + \gamma_{q1}W_{1j} + \cdots + \gamma_{qs_q}W_{s_qj} + u_{qj}$$

γ_{qs}계수는 학교수준의 변인(W_{sj})들이 학생수준 모형에서 얻은
회귀계수에 미치는 영향력의 크기를 표시한다. j학교의 고유효과
를 의미하는 u_{qj}는 평균이 0이며 변량이 τ_{qq}임을 가정한다.

3. 학업성취에 대한 학교효과 분석

학생의 학업성취를 종속변인으로 하여 학교 내 변량(within-sch
ool variance)과 학교간 변량(between-school variance)을 산출한
결과가 제시되어 있다. 이는 위계적 선형모형(HLM)에서 가장 단
순한 모형인 일원변량분석 모형(the one-way ANOVA model)을
통해서 학생 수준과 학교 수준 각각에서 발생하는 성취도 변량의
비율을 산출해 보면 <표12-3>와 같다.
　<표12-3>는 학생들의 학업성취도 변인에 대한 일원변량분석의
결과이다. 학업 성취도 변인의 학교 내 변량과 학교 간 변량은 각
각 47.41($\hat{\sigma}^2$)와 23.02($\hat{\tau}_{00}$)이다. 이러한 결과는 성취도 변인의 변
화 정도가 학교 수준에서도 일정 부분 존재하고 있지만, 동일 학
교를 다니는 학생들 사이에서 보다 많이 발생하고 있음을 나타낸
다. 학업성취도 변인의 총 변량 중에서 학교 간 변량이 차지하는
비율은 32.7%이다.

〈표12-3〉 학업성취도 변량 분석

총변량	70.43
학교간 변량(%)	23.02(32.7%)
학교 내 변량	47.41(67.3%)
배경변인통제 후 학교간 변량	1.12(1.6%)

여기서 학생수준의 선행변인의 학교 간 차이를 통제한 후에 학업 성취도 변인의 학교 간 변량 비율은 1.12로 통제하기 전의 학교 간 변량 23.02의 4.9% 수준이며 총 변량의 1.6%에 해당된다. 이러한 사실은 학교수준의 변인들로만 설명 가능한 최대 변량의 크기가 학업성취도 변인 전체 변량의 1.6%라는 것을 의미한다. 이러한 결과는 학교간 차이보다는 학교내의 차이인 교사의 수업 효율성(수업 지도면과 공정성, 온정성, 상호작용 등) 변인이 학교 내 과정의 차이로 인해 나타남을 시사 받을 수 있다. 다음으로 학업성취에 영향을 주는 학교수준 변인들의 영향들을 분석하였다 (<표12-4>참조).

<표12-4>에 의하면 학업성취에 영향을 주는 학교수준의 변인에서 교사의 수업효율성 변인만이 학교의 평균 학업성적에 유의미하게 영향을 주는 것으로 나타났다. 이는 교사가 잘 가르친다고 생각하는 학생들이 그렇지 않은 학생보다 평균 2점 정도의 높은 점수를 획득할 수 있음을 나타낸다. 반면에 학생의 성이나 배경변인은 학업성취에 별다른 영향을 주지 않음을 알 수 있다. 이러한 결과는 학교교육에서 중요한 요인은 교사라는 사실을 다시 한 번 상기하게 한다. 즉, 교사의 수업 실천 행위가 학생의 지각을 통해 학력의 격차를 유발하는 하나의 요인이 될 수 있음을 시사하고 있다.

〈표12-4〉 학업성취도에 영향을 주는 학교수준 변인 분석

고정효과(fixed effect)	계수	표준오차(t-비율)	p-값
학교수준 평균모형			
절편(평균 학업성적)	65.866	1.132(58.135)	0.00**
교사의 수업효율성	2.107	0.402(5.249)	0.00**
성별 기울기	0.100	1.425(0.070)	0.948
SES 기울기	2.073	1.308(1.584)	0.188

무선효과 (random effect)	표준편차	변량	자유도	χ^2	p-값
학교평균 절편	1.294	1.09	3	2.366	0.188
성별 기울기	2.503	6.267	4	7.523	0.110
SES 기울기	2.565	6.581	4	10.339	0.034
1-수준 효과	27.414	303.24			

*; $p < 0.05$, **; $p < 0.01$

【참고 논문자료 2】

학생 정보격차에 대한 학교효과 분석[4]

1. 연구목적

학생 정보격차에 대한 학교 효과

2. 연구모형

본 연구에서 사용하는 학생 정보격차와 관련된 변인들은 다수준에서 측정되는 위계적인 구조로 이루어져 있다. 따라서 본 연구에서는 학생 정보격차에 대한 학교 효과를 구체적으로 밝히기 위해 분석단위의 수준을 고려하여 각 수준별 변인의 영향력을 검증해 주는 위계적 선형모형(HLM 5 for windows)을 사용하였다. 본 연구에 사용된 위계적 선형모형을 제시하면 다음과 같다.

1-수준 모형 : Y_{ij}(학생 정보격차 점수) = β_{0j}(절편) + β_{1j}(성) + β_{2j}
(사회·경제적 지위) + β_{3j}(학업능력) + β_{4j}(정보추구욕구)
+γ_{ij}(고유증가치)

2-수준 모형 : β_{0j} = γ_{00} (절편) + γ_{01}(외부환경) + γ_{02}(정보화지원환경) +
γ_{03}(정보화풍토) + γ_{04}(수업경험) + u_{qj}(고유증가치)

---

4) 김민희(2003). 2003년도 한국교육행정학회 추계학술대회 자료집, 교육행정
  정보화와 학교구조 개선.

3. 정보화 풍토 변인의 효과

<표12-5>에 제시된 분석결과를 통해 학교간 정보격차에 대해 정보화 풍토 변인의 효과가 존재하고 있음을 확인할 수 있다. 정보화 풍토 영역에 포함된 변인들 중에서 가장 유의미한 효과를 보이는 변인은 학교 홈페이지 활용 변인으로 나타났다(효과계수 0.828, t>2.0). 유의도 수준이 낮기는 하지만(t>1.5) 교사 기기 활용능력 변인과 교사지원 노력 변인의 효과도 나타나고 있다. 예컨대, 교사들 스스로 학교 홈페이지를 ICT 수업이나 학교 구성원간의 정보공유, 학부모들과의 상담 등에 활용하며 교사들의 ICT 활용을 지원하려는 노력을 보이는 등 적극적인 정보화 풍토가 조성되어 있다고 지각하는 학교일수록 그렇지 못한 학교에 비해 전반적인 정보화 수준이 높은 경향을 보이고 있다.

정보화 풍토변인으로 설정했던 정보화 운영방침, 학교장의 지도성 변인이 학생 정보격차에 미치는 효과는 없는 것으로 나타났다. 이상의 분석결과를 통해 학교 정보화 풍토 변인이 학생들의 정보화 수준 및 학교간 정보격차에 미치는 효과는 존재하고 있다고 결론 내릴 수 있다.

〈표12-5〉학생 배경변인 통제 후 학생정보격차에 대한 가산적 학교 효과

고정효과(fixed) 변인명	계수	표준오차(t-비율)	
학교수준			
절편(학교평균 정보격차)	78.812	0.186	(428.856)***
외부환경			
설립유형(국공립)	-1.662	0.525	(-3.164)***
학교소재지(도시)	-0.157	1.075	(-0.146)
사회·경제적 지위평균	1.356	0.610	(2.223)**
정보화지원환경			
인력지원	0.258	0.147	(1.251)
시설지원	0.518	0.184	(2.810)**
활용지원	-0.054	0.171	(-0.321)
정보화풍토			
홈페이지활용	0.828	0.284	(2.913)**
정보화운영방침	-0.380	0.407	(-0.934)
학교장지도성	-0.148	0.489	(-0.304)
교사기기활용능력	-1.175	0.641	(-1.833)*
동료교사 열의	-1.181	1.557	(-1.400)
교사지원노력	1.873	1.090	(1.719)*
수업경험			
컴퓨터수업	1.644	0.717	(2.290)**
ICT수업 과정	-2.058	1.185	(-1.737)*
ICT수업 방법	1.926	1.587	(1.213)
학생수준			
절편(학생평균 정보격차)	79.727	－	－
성(남학생)	-0.094	0.380	(-0.248)
사회·경제적 지위	0.369	0.096	(3.815)***
학업능력	1.302	0.199	(6.543)***
정보추구욕구	2.777	0.236	(11.743)***

$$* \ t > 1.5 \qquad ** \ t > 2.0 \qquad *** \ t > 3.0$$

【참고 논문자료 3】

학교장지도성과 학교효과와의 관련성에
대한 탐색적 분석5)

1. 연구목적

경기도 지역의 고등학교를 대상으로 하여 학교장지도성이 학생들의 학업성취도 변화에 미치는 영향력 분석.

2. 연구모형

〈학생수준 모형〉

j 학교에 속해 있는 i 학생의 결과변인(고등학교3학년 성적)을 Y_{ij}로 표시한다. 이 결과변인은 학생개인의 특성변인인 X_{qij}와 오차변인 r_{ij}의 함수식으로 표기할 수 있다.

$$Y_{ij} = \beta_{0j} + \beta_{1j}X_{1ij} + \cdots + \beta_{qj}X_{qij} + r_{ij} \cdots\cdots(1.0)$$

참고: Y_{ij}는 j 학교에 다니는 i 학생의 결과변인(예: 성취도 변인)

X_{qij}는 j 학교에 다니는 i 학생의 q 번째의 독립변인

5) 성기선(2000). 학교장지도성과 학교효과와의 관련성에 대한 탐색적 분석. 교육사회학연구, 10권 2호, 89-113.

β_{0j}는 j 학교의 절편(intercept)

β_{qj}는 j 학교의 X_q의 회귀계수(regression coefficient)

r_{ij}는 j 학교에 다니는 i 학생의 무선오차(random error)

이 식에서 r_{ij}는 평균이 0 이고 표준편차가 σ^2인 분포를 보인다고 가정한다. 회귀계수 β_{qj} (q=0,...,Q)는 j학교에서 개인특성변인(예컨대 가정의 사회경제적 배경, 선행성취수준 등)의 함수에 의해서 결과변인이 어떻게 분포하는지를 표시하고 있다. 따라서 이 계수들은 학교 내에서 학생들의 개인특성과 학업성취도가 어떻게 관계를 맺고 있는지를 나타낸다.

〈학교수준 모형〉

각 학교별로 개인특성변인의 효과를 의미하는 방정식 [1.0]에서의 회귀계수 β_{qj}은 분석단위(unit, 여기서는 학교)에 따라서 변화한다고 가정한다. 다시 말해서 이러한 변화는 Q+1 개의 2-수준 방정식 체제(1-수준에서 얻은 회귀계수 마다 하나씩의 방정식)들로 모형을 만들 수 있다. 각각의 β_{qj}는 학교수준의 변인(W_{sj})들과 학교의 고유 효과(u_{qj})에 의해서 설명되는 결과변인이 된다. 각각의 β_{qj}들은 다음 [2.0]과 같은 형태의 방정식으로 표현될 수 있다.

$$\beta_{qj} = \gamma_{q0} + \gamma_{q1} W_{1j} + \ \cdots \ + \gamma_{qs_q} W_{s_qj} + u_{qj} \ \cdots\cdots (2.0)$$

참고: β_{qj}는 j 학교의 학생수준 분석을 통해 나온 절편(β_{0j})

또는 독립변인 X_q들의 기울기를 나타내는 회귀계수[6]

W_{sj}는 j 학교의 s 번째 학교특성 변인

γ_{q0}는 학교수준 모형에서의 절편(intercept)

γ_{qs}는 W_s변인의 회귀계수(regression coefficient)

μ_{qj}는 j 학교의 무선오차(random error)

방정식 [2.0]에서 γ_{qs}계수는 학교수준의 변인(W_{sj})들이 학생수준 모형에서 얻은 회귀계수에 미치는 영향력의 크기를 표시한다. j학교의 고유효과를 의미하는 u_{qj}는 평균이 0이며 변량이 τ_{qq}임을 가정한다.

3. 학교장 지도성과 학업성취도와의 영향분석

6개의 학교장 지도성 변인을 종합하여 단일 변인으로 통합한 후에 학업성취도에 미치는 영향을 분석해 보았다.

---

6) 절편은 학생들의 구성특성변인들로 통제된 후에 보이는 학교의 평균 성취도를 의미하며 기울기는 각 학교별로 학생들의 배경변인과 성취도와의 관련성을 표시하는 수치이다. 따라서 학교수준의 모형은 학교수준의 변인들이 교육결과변인(선행변인을 통제한 후의 성취도)과 배경변인과 성취도와의 관련성 정도에 미치는 효과에 대한 추정을 가능케 한다.

〈표12-6〉(1학년 성취도 통제 후) 고등학교 3학년 학업성취도에
미치는 학교수준 변인들의 효과

고정효과(fixed effect)	계수	표준오차(t-비율)	p-값
	1 학교평균모형		
절편,(학교 평균 성취도)	253.09	2.55(99.35)	0.00**
교사의 교육열의	-0.09	5.83(-0.02)	0.99
학생의 학습열의	9.26	3.93(2.36)	0.03*
평준화	13.63	2.52(5.41)	0.00**
학교장지도성	0.65	0.82(0.79)	0.44
	2 1학년 성취도 변인의 기울기 모형		
절편(평균 1학년 성취도 기울기)	0.75	0.03 (30.35)	0.00**
평준화	0.16	0.03 (5.69)	0.00**
학교장지도성	0.01	0.01 (0.68)	0.51
	3 성별변인의 기울기 모형		
절편	1.69	1.81 (0.93)	0.36

무선효과(random effect)	표준편차	변량	자유도	χ^2	P-값
학교평균 절편	8.11	65.69	7	76.30	0.00
1학년 성취도 기울기	0.05	0.00	9	28.23	0.00
성별 변인 기울기	6.13	37.53	11	58.94	0.00
1-수준 효과	24.05	578.30			

* ; p<0.05, **; p<0.01

고등학생들의 1학년 학업성취도 수준의 영향력을 통제한 후, 고
등학교 3학년 당시의 성취도 수준에 영향을 미치는 학교수준 변
인들의 영향력을 분석해 본 결과를 <표12-6>에 제시했다. 먼저
각 계수들이 갖고 있는 의미를 개략적으로 검토해 보기로 한다.
학생들의 고등학교 입학 초기인 1학년 당시의 학업성취도 수준이
갖는 영향력을 통제한 후, 고등학교 3학년 당시의 평균 성취도 수
준은 여학생이 남학생보다 평균 1.69점 정도 높다. 또한 학교 전
체의 학생들이 보이는 학습에 대한 열의 정도가 높을수록 학생들

의 전반적인 성적이 평균 9점 정도 높다.

평준화 적용 지역의 고등학교에 다니면 1학년 성적이 동일한 학생들일지라도 비평준화 고등학교에 진학할 경우보다 평균 13.6 점 정도 성적이 높은 것으로 나타나고 있다. 그러나 본 연구의 주된 관심 변인인 학교장 지도성 변인의 영향력은 학생의 1학년 성적, 학생들의 학습에 대한 열의, 평준화 변인의 영향력을 통제한 후에는 유의미하지 않은 것으로 조사되었다. 이어서 1학년 학업성취도 변인의 기울기에 미치는 학교수준 변인의 효과를 분석해 본 결과, 평준화 변인만이 유의미한 영향력을 발휘하고 있음을 알 수 있다.

참 고 문 헌

강상진(1998). 교육 및 사회연구를 위한 연구방법으로서 다층모형과 전통적 선형모형과의 비교 분석연구. 교육평가연구, 11(1), 207-258.

강상진(2003). 교육학의 미래와 다층모형. 한국교육, 30(3).

강연미(2001). 주의력결핍 과잉행동성향을 갖는 아동과 일반아동의 수학문제 해결력 비교 연구. 고려대 석사학위논문.

김경성(1991). 다층자료분석에 관한 연구(분석방법의 고찰). 교육평가연구, 4(1), 1-17.

김동빈(1997). 고등교육의 수익에 대한 수요자의 기대 분석. 서울대학교 석사학위청구논문.

김두섭(1993). 사회과학을 위한 회귀분석. 서울: 법문사.

김민희(2003). 2003년도 한국교육행정학회 추계학술대회 자료집, 교육행정정보화와 학교구조 개선.

김석조(2000). 6학년 아동의 식습관과 성격특성 및 학업성적과의 관계. 경남대학교 석사논문.

김성주 외 편저(1987). 통계학원론. 서울: 경문사.

김우철 외(1988). 현대통계학. 서울: 영지출판사.

김홍중(1986). 통계학개론. 서울: 경문사.

김형관·신현석·서민원·황기우(2002). 대학생의 학업성취요인 분석 연구: 대학정책의 변화를 위한 기초 탐색. 교육행정학연구, 20권1호.

박선희(1999). 청소년의 환경, 자아개념, 감각추구 동기, 및 가출충동간의 관계. 경남대 석사학위논문.

박성현·황선영(1994). 회귀분석. 서울: 방송통신대학.

박정식·윤영선(1992). 현대통계학. 서울: 다산출판사.

성기선(2000). 학교장지도성과 학교효과와의 관련성에 대한 탐색적 분석.

교육사회학연구, 10(2), 89-113.

정진환·이영희(2001). 교원의 권리 행사 실태 분석. 한국교원과학회, 18 (2).

안우환(2003). 가정의 사회적 자본이 아동의 학업성취에 미치는 효과분석. 한국교육, 30(3).

안우환(2003). 초등학교 영어교육 개선 방안. 미간행 원고.

안우환(2004). 교사의 수업효율성과 학업성취와의 관계 탐색. 교육행정학연구, 22(2).

염준근(1996). 선형회귀분석. 서울: 자유아카데미.

임인재(1976). 통계방법. 서울: 박영사.

Bryk, A. S., & Raudenbush, S. W.(1992). Hierarchical linear models : applications and data analysis methods. Newbury Park : Sage Publications.

Elazar, J. P.(1982). Multiple regression in behavioral research. CBS College Publishing, New York, U.S.A.

Elazar J. P., & Schmelkin, L, P.(1991). Measurment, design, and analysis. Lawrence Erlbaum Associates Inc., Publishers, New Jersey, U.S.A.

Fraenkel, J. R., & Norman, E. W.(1990). How to design and evaluate research in education. NewYork : McGraw-Hill Publishing Co.

Hogg. R. V., & Tanis, E. A.(1989). 통계학원론. 안철원·한상문 공역(1990), 비봉출판사.

John, P. K.(1988). Educational research, methodology, and measurement. Pergamon Press, Headington Hill Hall, England.

Raudenbush, S., & Bryk, A.(1986). A hierarchical model for studying school effects. Sociology of Education, 59, 1-17.

Raudenbush, S.(1993). A crossed random effects model for unbalanced data with applications in cross-sectional and longitudinal research. Journal of Educational Statistics, 18. 321-349.

Raudenbush, S., & Bryk, A., Cheong, Y. F., and Congdon, R. T.(200
　　1). Hlm 5: hierarchical linear and nonlinear modeling. Ssi scient
　　ific software international.

Robison, W.(1950). Ecological correlation and the behavior of individu
　　als. American Sociological Review, 15, 351-357.

Shayle, R. S.(1994). 통계학을 위한 행렬대수학. 김병천 역, 서울: 자유
　　아카데미.

안우환
(安佑煥)

· 대구교육대학교 졸업(27회)
· 2000년 경북대학교 대학원 교육사회 석사
· 2004년 경북대학교 박사(교육사회 및 행정)
· 2004년 경북대 강사
· 교육사회 지식포럼 공동의장(http://www.alledu4u.com) 및 교육칼럼리스트
· KEDI 교육현안문제 모니터 위원(2003년-)
· 2000년 대구광역시 특별연구교사
· 한국교육학술정보원(Riss4u) IP 위원역임(2000-2001년)
· 대구산격초등학교 교사(현재)

● 연구 및 저서 ●

· 초등학교 재량활동 지도자료. 제7차 교육과정 교수-학습자료. 교육인적자원
부, 2001.
· 한국교육사회학의 연구동향 분석. 교육사회학연구, 13(2), 2003.
· 공교육체제의 재구조화를 위한 총체적 가정-학교(Home-school) 협력체제
모형 탐색 교육행정학연구, 21(2), 2003.
· 가정의 사회적 자본이 아동의 학업성취에 미치는 효과분석, 한국교육, 30(3),
2003. 등 다수

논문 작성을 위한 교육통계

● 초판 인쇄 │ 2004년 11월 15일
● 초판 발행 │ 2004년 11월 20일

● 지 은 이 │ 안우환
● 펴 낸 이 │ 채종준
● 펴 낸 곳 │ 한국학술정보㈜
          경기도 파주시 교하읍 문발리 538-2
          파주출판문화정보산업단지
          전화 031) 908-3181(대표) · 팩스 031) 908-3189
          홈페이지 http://www.kstudy.com
          e-mail(e-Book사업부) ebook@kstudy.com
● 등   록 │ 제일산-115호(2000. 6. 19)
● 가   격 │ 24,000원

ISBN   89-534-1793-7 93310 (Paper Book)
ISBN   89-534-2402-X 98310 (e-Book)